找回生活的秩序感

易被忽略却重要的150件小事

THE LITTLE BOOK
OF LIFE SKILLS

ERIN ZAMMETT RUDDY

[美]埃林·扎米特·拉迪——著　杨婷婷——译

中信出版集团 | 北京

图书在版编目（CIP）数据

找回生活的秩序感：易被忽略却重要的 150 件小事 / （美）埃林·扎米特·拉迪著；杨婷婷译. -- 北京：中信出版社，2022.7

书名原文：the Little Book of Life Skills
ISBN 978-7-5217-4432-3

I.①找… II.①埃…②杨… III.①心理学－通俗读物 IV.①B84-49

中国版本图书馆CIP数据核字（2022）第 082611 号

The Little Book of Life Skills
Copyright © 2020 by Erin Zammett Ruddy
This edition arranged with InkWell Management, LLC. through Andrew Nurnberg Associates International Limited
Simplified Chinese translation copyright © 2022 by CITIC Press Corporation
ALL RIGHTS RESERVED
本书仅限中国大陆地区发行销售

找回生活的秩序感——易被忽略却重要的 150 件小事
著者：　［美］埃林·扎米特·拉迪
译者：　杨婷婷
出版发行：中信出版集团股份有限公司
　　　　（北京市朝阳区惠新东街甲 4 号富盛大厦 2 座　邮编　100029）
承印者：　天津丰富彩艺印刷有限公司

开本：880mm×1230mm 1/32　　印张：9.5　　字数：211 千字
版次：2022 年 7 月第 1 版　　　印次：2022 年 7 月第 1 次印刷
京权图字：01-2022-2904　　　　书号：ISBN 978-7-5217-4432-3
定价：59.00 元

版权所有·侵权必究
如有印刷、装订问题，本公司负责调换。
服务热线：400-600-8099
投稿邮箱：author@citicpub.com

谨以此书献给我的父母——约翰·扎米特和辛迪·扎米特，他们传授给我这么多重要的生活技能（但还不够多，我还是需要写这本书）。

目 录

引 言 VII

第 1 章　醒来并为这一天做好准备

轻松起床	迈克尔·布鲁斯	001
用积极的态度开启每一天	霍达·库特布	002
整理床铺	阿里尔·凯	004
完美地吹干头发	萨拉·波滕帕	007
清洁并滋润你的脸	尼亚基欧·格里科	011
涂防晒霜	克里斯·伯奇比	014
化妆	玛莉·龙卡尔	016
上高光	莉萨·赛奇诺	018
画眉毛	吉米娜·加西亚	020
调制完美的思慕雪	凯瑟琳·麦科德	023
烹制火候正好、香浓嫩滑的炒蛋	雅克·佩潘	026
快速而直接地了解新闻时事	詹纳·李	028

第 2 章　从此地到彼地

早晨出门备忘录	劳拉·范德卡姆	033

通过有四向停车标志的道路	埃米莉·斯坦	036
自己给车加汽油	克里斯·赖利	038
搭电启动抛锚车	哈里·亨德里克森	041

第 3 章　更智慧地工作

换上衣服迎接重要的工作日	萨利·克里斯特森	043
得体地坐在椅子上	史蒂文·魏尼格	046
发送有效的电子邮件	贾斯廷·克尔	048
发送一条语音留言	乔尔·施瓦茨贝里	050
通过电子邮件介绍两个人相互认识	贾斯廷·克尔	052
表达你的观点	乔尔·施瓦茨贝里	053
给别人建设性的反馈意见	德博拉·格雷森·里格尔	055
开一场富有成效的会议	丽贝卡·萨瑟恩	058
提早离开工作活动现场	劳伦·史密斯·布罗迪	060
要求加薪	塔德·迈耶	062

第 4 章　让工作日富有成效

安排好你的工作日	妮科尔·拉平	065
随时关注你的电子邮件收件箱	贾斯廷·克尔	067
创建你记得住的安全密码	蒂娜·西贝尔和雅拉·兰西特	070
午餐吃什么让你不会在办公桌上犯困	杰克琳·伦敦	072
防止和管理干扰	德博拉·格雷森·里格尔	074
居家办公	劳伦·麦古德温	076

第 5 章　把家里收拾得井井有条

清理物品	彼得·沃尔什	081
整理你的杂物抽屉	希拉·吉尔	083

打开信箱 .... 科琳娜·莫拉汉　*085*
重新整理你的抽屉和衣柜 .... 帕蒂·莫里西　*087*

●● 第 6 章　让日常琐事更简单

列一个可完成的待办任务清单 .... 克里斯蒂娜·卡特　*091*
付账单 .... 科琳娜·莫拉汉　*093*
装洗碗机 .... "消费者报告"　*095*
清空洗碗机 .... 雷歇尔·霍夫曼　*098*
只买计划中的东西 .... 蒂法尼·阿利切　*099*
列一个食品购物清单 .... 米歇尔·维格　*102*
超市购物后装袋 .... 戴韦恩·坎贝尔　*103*
洗一堆衣物 .... 贝基·拉平竺　*106*
清洗污渍 .... 格温·怀廷和林赛·博伊德　*108*
保持毛巾清新、柔软、气味好 .... 贝基·拉平竺　*109*
折叠床笠 .... 阿里尔·凯　*112*
熨烫衬衫 .... 格温·怀廷和林赛·博伊德　*113*
装被套 .... 阿里尔·凯　*115*

●● 第 7 章　打扫卫生

花 10 分钟甚至更少的时间清理房间 .... 雷歇尔·霍夫曼　*117*
清洁地板 .... 唐娜·斯莫林·库珀　*119*
饭后打扫厨房 .... 雷歇尔·霍夫曼　*121*
清洗淋浴间和（或）浴缸 .... 梅利莎·马克尔　*124*
3 分钟清洁马桶 .... 梅利莎·马克尔　*126*

●● 第 8 章　做事得心应手

挂照片 .... 杰思敏·罗思　*129*

修补墙上的小洞	杰思敏·罗思	132
买一株室内植物并养活它	希尔顿·卡特	134
养护你的草坪	阿林·哈恩	137
给你的花园浇水	克里斯·兰普顿	140
预防和处理花圃里的杂草	克里斯·兰普顿	142

第9章　正餐时间

存放和清洗果蔬产品	凯瑟琳·麦科德	145
解冻肉类	安亚·弗纳尔德	147
准备做菜	瑞秋·雷	149
做一份令人满意的沙拉	凯特琳·香农	151
做一份简单的沙拉调料	凯特琳·香农	154
煮完美的意大利面	瑞秋·雷	156
做一块完美的汉堡	博比·福雷	158
打包剩菜	丹·帕什曼	161
找一个吃饭的地方	克里斯·斯唐	163
当你带着小孩在餐厅吃饭……	卡拉利·法勒特	166
假装能看懂餐厅的葡萄酒单	格兰特·雷诺兹	168

第10章　请客与做客

计划一场鸡尾酒会	玛丽·朱利亚尼	171
布置一张漂亮的餐桌	利兹·柯蒂斯	174
在花瓶里插花	凯蒂·哈特曼	178
买一瓶价廉物美的葡萄酒	阿莉莎·维特拉诺	180
给多层蛋糕涂糖霜	达夫·戈德曼	183
摆出奶酪板	玛莉萨·马伦	185
像专业人士那样打开葡萄酒	劳拉·马尼克·菲奥万蒂	187
品尝葡萄酒	莱斯莉·斯布罗科	190

来一段很棒的祝酒词	玛格丽特·佩奇	191
做介绍	帕特里夏·罗西	194
迎接或介绍一位你不记得名字的人	黛安娜·戈特斯曼	196
挑选一份给男主人或女主人的礼物	乔伊·秋	198
包装礼物	安娜·邦德	200

第 11 章　自我关爱

冥想	叙译·雅洛夫·施瓦茨	205
1 分钟内减压	穆罕默德·奥兹	207
泡一杯茶	塔季扬娜·阿普赫提纳	208
避免生病	穆罕默德·奥兹	211
小睡片刻	阿里安娜·赫芬顿	213
3 分钟内提升能量	帕尔瓦蒂·沙洛	216
自己涂指甲油	米歇尔·李	217
为锻炼做好准备	利兹·普洛瑟	220
锻炼后拉伸	阿曼达·克洛茨	224
拒绝那些你应该答应但其实不想答应的事	劳拉·范德卡姆	226

第 12 章　提升你的个人能力

自信地走进房间	莉迪娅·费内	231
做出更用心的决定	妮科尔·拉平	232
设定目标	妮科尔·拉平	235
别纠结于那些可能发生或可能不发生的坏事	伊桑·佐恩	238
快速检查你的开销	蒂法尼·阿利切	240
冷静下来再做出反应	戴维吉	242
让自己渡过难关	埃米莉·麦克道尔	244
下定决心做一件事并坚持到底	格雷琴·鲁宾	246

第13章　提升人际交往能力

记住别人的名字	吉姆·奎克	251
写一张感谢字条	雪瑞·贝里	253
了解体育动态	萨拉·斯佩恩	255
在社交媒体上发表评论	萨拉·巴克利	257
与你的伴侣有效率地争辩	乔·皮亚扎	260
道歉	塞拉娜·蒙敏尼	262
退出你不想参与的谈话	黛安娜·戈茨曼	263
想好如何告诉别人自己遭遇的棘手情况	格雷琴·鲁宾	266
支持有困难的朋友	瑞秋·威尔克森·米勒	268
表示慰问	诺拉·麦金纳尼	270

第14章　以健康的状态结束一天

不用手机	阿里安娜·赫芬顿	275
原谅别人，然后放手	戴维吉	277
为睡个好觉做准备	迈克尔·布鲁斯	280
回顾你的一天，看看哪些事做得好、哪些事没做好	帕蒂·莫里西	282

致　谢 ... 285

引 言

过去二十年,作为各大时尚生活杂志的作家,我的工作就是收集专家对各种生活问题的建议,从如何让会议顺利进行,到如何做出完美的汉堡;从如何要求加薪,到如何增加个人空间;再到如何让邻居在三月取下圣诞彩灯(顺便说一下,这些建议都在书中,除了圣诞彩灯的事——说实话,这件事就别管了,因为确实很棘手)。我喜欢和真正擅长做某件事的人聊天,无论这件事是什么——办公室规划?可以!草坪维护?当然行!完美大餐?绝对没问题!我知道如何把这些技巧传递给读者,并帮助他们将其应用在实际生活中,因为一位高水平的专家并不总能与我们当中一些没有棉布或者拖把的人交流。我很理解读者,因为我就是读者,即使是关于如何把整个食品储藏柜的东西都装入贴了精美标签的玻璃罐子这类事。老实说,我会那么做吗?不可能。我想看看那是怎么做的吗?是的!

那么，我为什么要写这本书？因为我需要这本书。我的父亲是前空中交通管制员，总是很讲究秩序、心理清单以及他称之为"第一次就按正确的方式做事情"的习惯，这种习惯很长一段时间之后才形成一种潮流。在我的成长过程中，每年春天当游泳池到了开放季节时，我和我的姐妹都要帮他烘干并卷好游泳池的盖布。这是一场漫长的、在一定流程之下的折磨，一共有18个步骤和不可避免的消防演习——"快！把它从草坪上挪开！它要把×××草烧坏了！"接着，我们当中一个人会大声哀叹："我们为什么不能把那东西卷起来然后收工？"父亲不会回答，只是瞪我们一眼。每年秋天，当我们把崭新的、没有霉斑的盖布从库房拉出来的时候，父亲会眉开眼笑，满脸自豪地告诉我们为什么做事不能虎头蛇尾。父亲这个人办事效率高、有条理，他总能把大多数事情做得很漂亮。从20世纪80年代起他就没有走进过控制塔，但他处理每一项任务时，还是像对待整架飞机的乘客的命运那样小心翼翼。不用说，有他参与的事情都变得很紧张，但是，当你需要别人帮忙做决定的时候（嗯，我每天都需要），他正是你可以求助的最佳人选。

我希望我能说他的方法影响了我，我过得很好，活出了最好的样子，总有折叠整齐的床单、全部完成的任务清单和从未丢失的钥匙。但我不能这么说。我一点儿也不像父亲那样做事精确（也没有我母亲那接近专业水平的洗衣技能）。假如我成为心理学家，我会说这是有原因的：如果你的父母总是质疑你做看似无关紧要的事情的方式——"你准备那样切面包圈吗？""你不能那样打包行李！""你真的在'42号出口'下了高速公路，埃林？那个红灯有1分45秒长，我计时了"——你就不会努力采用"正确的方式"做事,而是满足于"无所谓,我还是完成了,不是吗"。

当然,现在我42岁了,经常在某个任务处理到一半的时候(清空洗碗机,清理台面上的碎屑)想着:"呃,一定有更好的方法做这件事!"的确有!继续读下去!和你们一样(我猜),我渴望在日常生活中提高效率,减小压力,而且随着生活变得越来越复杂,这个需求也日益增长。曾几何时,我会花45分钟时间在杂货店里像个喝醉的宝宝(大口嚼着一袋烧烤味乐事薯片)一样走来走去,买七件东西会忘记两件,而这就是我消磨时光极为合理的方式。现在这种情况已经不会出现了,理由有一百万个,但最重要的理由也许是:现在我有三个孩子,如果你家里有好几个孩子,而你做事效率不够高的话,你还来不及说"要是你刷过牙,为什么牙刷没湿",就会被一大堆脏衣物吞没。我也听别人说过这样的事。

事实是,日常生活中的每件事都有一个合理的特定顺序,最佳的做法会让你用最少的精力达到最好的效果。也有一些重要的技巧和诀窍能让我们的身心得到更好的照顾,但当我上大学的时候,我甚至不知道那些是生活技巧(我曾认为衣物柔顺剂是洗衣液)。但是我们很多人只是在忙碌的生活中埋头苦干,而不注意我们是如何完成一项任务,以及如何开始下一项任务的。不过,这本书不是要让你对自己的做事方式感到难过,也不是要告诉你,你的做事方式都是错的。因为那也许没错。但是,那很有可能不是最有效的做事方式。

不过,你在网络上搜索一下做事的正确方法不就行了吗?当然可以。我也搜索过。输入"怎样熨衬衫",你会得到一百多万条结果。

这就是我们需要这本书的理由。谁有时间仔细筛选那些常常自相矛盾的内容，然后决定相信什么？你真的需要观看一部时长7分钟的"优兔"（YouTube）教程教你怎样熨衣服吗？——哦，看！名人的素颜照！现在，你已经跳到了金·卡戴珊的"照片墙"（Instagram）评论区。嘿，大多数人都会遇到这样的事，不过，你不是为了做事更高效吗？新闻简讯上说在网络上寻找建议会花费大量时间，这还不包括为了看新教程而必须观看的15条广告。

所以我直接找专家。各个领域的顶级专家告诉了我们把事情做好的基本步骤，包括我总是做不好的那些事——养活家中的植物，给车加汽油（在我小时候生活的地方，自己加汽油是违法的，所以别笑话我），通过电子邮件介绍两个人相互认识（为什么总是会很尴尬）；还包括在心理和情感方面我们都应该拥有的技能——和自己友好对话，平静地呼吸，在火车上向某些人问声好而不必坐在他们旁边。本书将告诉你更快速、更智慧、更合理地处理日常事务的方法，每一章都干货满满。你获得的回报是：更多的时间，更少的挫败感，完成工作的快乐。没错，你会有愉悦的感觉，（好吧，老爸）还会有一种自豪感，这是由于你用正确的方法完成了某件事，哪怕这件事像清空洗碗机或妥善保存游泳池盖布那么简单。重要的不是匆匆完成日常事务，然后尽快开始真正的生活（或者看"网飞"的视频），而是放慢速度并且把小事做好。因为真正的生活就是去杂货店，写电子邮件，坐在四向停车标志前思索谁可以先走。

有了书中150条简单、可操作的指南，我们都能在完成各种任务时更自信，并且一整天都会拥有平静的心态和干劲十足的状态。你能完成更多任务（也不太骂人了）。每当丝绸衬衫上洒了东西时，你再也不用求助你妈妈了。谁不想让自己每一天都充满这样的成就感？其中一些指南简直是聪明绝顶。毫不夸张地说，有一天我学会了如何快速辨别一辆汽车的油箱设置在哪一边，那对我而言真是意义非凡的一天（在第2章可以看到那让人茅塞顿开的指南）。

在本书中，我选择把大多数人每周都会用到的基本生活技巧作为重点，因为如果你连整理床铺的最佳方法都不知道，那么学会给浴室刷漆或者在感恩节招待客人又有什么意义呢？这些事情可以通过最小的调整带来最大的变化，我们反反复复地做这些事情，却很少停下来问自己："等等，我的做法对吗？"也许在家待了几个月后，我们意识到一些日常琐事可以有全新的做法。只有我这么想吗？

书中的章节是按照一天中你所需要掌握的技能来排序的，包括起床，做好准备，轻松出门，工作时富有成效、令人满意，想好中午到底点什么吃，做家务、整理院子而不感到腰酸背痛，准备晚餐（呃，又来了），以及睡个好觉等。还有一些章节的重点放在如何做最好的自己——无论是在你自己的心智中，还是在与他人的关系中（是的，如何有效地争辩是一项生活技能）。

哦，美食博主承诺给你最棒的柠檬馅饼食谱以吸引你点击她的文章，你接着就看到一篇千字短文介绍她姨婆家的柠檬农场，以及她在托斯卡纳度过升学前的间隔年时喝过的柠檬酒，然后你就一脸疑惑，×××食谱在哪儿呢？《找回生活的秩序感：易被忽略却重要的150件小事》会直接跳到食谱。这里没有背景故事，没有冗长的解释，你不需要跳过前文去找美食的部分。本书将直奔主题——制作美食的步骤,掌握了这些步骤后大家都会跃跃欲试。

你可以把这本书从头看到尾,也可以在目录中查找此时此刻你最需要的指导。只要你喜欢,你甚至可以前后跳跃着读。这是一本关于如何正确做事的书,我保证不评判你读这本书的方式——只要你保证不告诉我爸爸,我还是每一次都走"42号出口"。

第1章

醒来并为这一天做好准备

轻松起床

1. 别按闹钟上的贪睡按钮。把闹钟重新设置一下。
2. 睁开眼睛（要是这一步很难做到，你可以默念"1—2—3 睁眼"）。
3. 把双腿垂到床的一侧摇晃一下，然后让脚踩到地板上。
4. 做五次深呼吸。
5. 喝一大杯水。
6. 如果可以，到室外沐浴阳光（或者在窗边晒太阳——开窗直晒，让未经过滤的光线穿过窗户），最好晒15分钟。

专家：

迈克尔·布鲁斯博士，人称"睡眠博士"，是著名的睡眠专家，著有《生理时钟决定一切》。

讲解：

用贪睡闹钟开启新的一天是最糟糕的做法——你的身体无法在 7~9 分钟重新进入深度睡眠，因此你只是轻声地打着鼾，而这最终会让你感觉更加昏昏沉沉。相反，在你站起来之前，通过深呼吸，身体和大脑可以获得氧气，达到最佳状态。由于呼吸是湿润的（有点凉，有点黏腻），每晚你都会流失近 1 升水，所以喝一大杯水能帮助你补充水分。接着是阳光——晒 10~15 分钟最理想——它会关闭你大脑中的褪黑素水龙头，驱散一大早昏昏沉沉的感觉。想要达到最佳效果，就到室外（别戴太阳镜）清醒 15 分钟。如果你起来的时候太阳还没升起（或者你住在美国西北部），可以开灯。蓝光——存在于阳光、LED 灯、电子设备和荧光灯中——是你早晨最需要的东西。你也可以考虑光疗箱，在这个设备旁边坐着或者工作，它会发出类似阳光的明亮光线。

小贴士：

想要感觉更精神？如果你早晨淋浴，就在快要洗完的时候慢慢调低水温。不必把水调得冰冷，但你要感到微微的凉意，这会让血液涌入躯干，非常提神。爽！

用积极的态度开启每一天

1. 醒来后，马上写下三件你要感恩的事（写具体一些，别只写"阳光明媚的天气",尽管它完全可以成为你感恩的理由)。在床边放一本日记本,这一步就更简单了。

2. 写下过去 24 小时里发生的重要事件——事情可大可小,但得具体。
3. 锻炼身体(如果可以,目标是 30 分钟)。有关如何让自己开始锻炼并从中获得最佳锻炼效果的建议,参阅第 224~226 页。
4. 祷告或冥想。有关简单的冥想指南,参阅第 205~207 页。
5. 随意为别人做出一个善意的举动。

专家:

霍达·库特布是美国一档晨间新闻和脱口秀节目《今日》的主持人之一,著有数本畅销书,其中包括《我今天真的需要这个》,书中收录了 365 则鼓舞人心的格言。霍达总是如此快乐的原因是什么?原因之一是她每天早晨都写("潦草乱涂")日记,提醒她自己是多么幸运。

讲解:

早上醒来后,不要感叹"哦,天哪……",然后想起前一晚让你情绪低落的事和接下来必须要做的事,而要先写下三件好事和一件重要的事,这会转变你的思维模式。它有助于你把一整天重构成美好的一天。写的时候越具体越好,所以不要只是感恩日出或活着(尽管霍达对这些都心存感激),而是想想不起眼的小事和具体的事情——比如昨晚有个人,本可以任由门自动关上,尽管他手上提着三个包,依然帮你扶门。这会让你意识到，身边有数不清的善举。你开始寻找这些善举了！接着是锻炼身体，因为锻炼会产生内啡肽。不必总是高强度地锻炼，就在家附近散散步也行。而摆脱消沉情绪的最佳方式之一就是为别人做点儿好事，最简单的做法就是你去买咖啡的时候帮同事也带一杯。

小贴士：

让霍达保持积极态度的另一个秘诀是：好音乐。创建一个你喜欢的歌单，需要的时候播放。

整理床铺

"你生命中三分之一的时间在床上度过，床应该是一个让你感到美好、感到舒服的地方。要让它看上去赏心悦目只需两分钟！"

——阿里尔·凯

1. 把床上所有的被单拉到一边，从床尾开始判断床上的状况——每个早晨看上去都有点儿不同。
2. 把床笠向下拉，在床尾处把它牢牢地塞到床垫下，然后围绕着整张床塞好床笠的每一边，使床笠紧紧包在床上，这样就有了美观而干净的床面（把枕头放到长凳或边桌上，或者绕开枕头铺床单）。

3. 如果你睡觉的时候使用隔开身体和被子的那种盖在身上的床单，就要把它拉起来，好好地抖一下（想象一下你在健身课上玩过的降落伞，模仿那个动作）。然后用手拍平它，并根据喜好把它塞好。你可以选择平整的医院床单折角法，或者铺出更轻松自然的样子。你也可以不用这种床单（这种床单最后总是会在床尾卷成一团，感觉像是多余的一层床单）。

4. 被子也要好好地抖一下，保证被芯与被罩的四个角贴合，然后把它平整地铺在床上。

5. 如果你有很多枕头，那就把床单和被罩一直铺到床头，然后拍平。如果枕头不多，你可以把床单和被子在三分之一处向床尾方向折一下，这样看起来更有层次感。

6. 拍拍枕头，让它们恢复蓬松，把装饰枕头靠床头板放置，枕头放在前面，或者互换位置（假如你把被子拉下来一部分，露出了下面的床单，你可以把枕头放在上面）。你可以随意添加装饰枕头。

7. 如果是羽绒被，就把它折三折，横放在床尾，开口的一面朝下，用手抚平褶皱。

专家：

阿里尔·凯是现代家居品牌 Parachute 的创始人和首席执行官，她最早创立该品牌时，只在网络上销售各种床上用品（Parachute 这个名字来自抖动床单时布料随风鼓起的样子）。之后 Parachute 品牌在美国开设了实体店，经营范围扩大至浴室、家具、台面及婴儿用品系列。她还是《如何把房子变成家》的作者。

讲解：

首先处理床尾部分，因为最让人烦心的就是半夜里被单松散不平（睡觉的时候，你是一动不动还是翻来覆去？每一天床的混乱程度都是不同的）。拉起被单时用力抖一下，有助于平整褶皱，抖掉灰尘，确保铺得均匀。如果你觉得床上枕头越多越好，你也不必把被单都叠起来，这样床看上去有层次感、有装饰感，但又不过于杂乱。

每个人铺床的方法都有所不同，这没问题，只要你每天都这么做。的确，你有这个时间（铺床需要两三分钟）。研究显示，整洁的床铺会提升幸福感，会立刻让整个房间显得井井有条，也让你自己感觉效率很高——还没喝咖啡就完成了清单上的一项任务，没什么比这让人感觉更好了。哦，如果你不想使用盖在身上的床单（欧洲人不用，为此，包括Parachute在内的许多公司现在都把两种床单分开销售），铺床时可以节省大约1分钟。真棒！

小贴士：

阿里尔关于织物密度的看法：这是一个营销噱头，与真正的织物质量无关（数值超过400都是纤维经过处理的结果，这意味着它可能使用了合成纤维，这使面料更柔软）。真正重要的是：纤维的品质，不使用化学物质和合成物，以及织物的织法。那么你应该买什么？如果你睡觉时容易感到热，你需要的是高织棉布床单，一根线在上、一根线在下的编织方法会让织物的透气性极佳。如果你睡觉时容易感到凉，就用缎纹织物床单，四根线在上、一根线在下的编织方法使这种面料光滑柔软，也更保暖。号称"不易起皱"的面料都不要买——往往涂了一层有毒的化学物质。真的是这样，如果某种说法让你疑惑"他们是怎么做到的"，一般都说明他们使用了有毒的物质，你可不想让它伤害你的皮肤。你可以找一些标有生态纺织品认证标志的床单，这种床单在整个制作过程中都不使用有毒化学物质、人工染料或合成的表面涂层。

有关阿里尔叠床笠和装被套的建议，参阅第112~113页和第115~116页。

完美地吹干头发

1. 给头发喷上防烫护发喷雾，保护头发不受高温伤害，用吹风机把头发吹至七八成干（或者让头发风干至七八成）。
2. 如果你有刘海就先吹干刘海，吹出你想要的效果。如果有特别的部位需要处理，也可以优先。
3. 把头发最上面的几层分出来，用发夹夹住（你从头发最底层开始，然后向上向外吹干）。
4. 把集风嘴装在吹风机上——只要使用了防烫护发喷雾，你就可以放

心地使用高温挡。

5. 用卷发梳卷起约五厘米宽的一部分头发，然后反向吹发根（朝着相反的方向吹，靠近头皮，让发根固定）。

6. 把梳子放在这部分头发下方，用力向上卷起头发。把吹风机放在上方，一边沿着头发和梳子向下移动一边吹，让集风嘴与头发平行，这样有助于闭合角质层。

7. 卷动发梢。保持三四秒，然后向下移走梳子。

8. 吹每一部分头发都重复以上步骤，吹顶部头发时拿掉发夹。把吹风机调到冷风挡，从上往下吹遍所有头发。将吹风机调至低温挡，吹顺顽固的发丝——比如耳边的鬓发。在头发完全冷却前不要碰，以便头发定型。

专家：

萨拉·波滕帕是一位知名造型师（她的顾客包括丽亚·米雪儿、埃米莉·布朗特、卡米拉·卡贝洛以及瑞茜·威瑟斯彭），发明了具有专利权的Beachwaver®卷发棒。她是Beachwaver公司的首席执行官，Beachwaver公司为全世界提供创新的美发工具和产品。她为《时尚》《嘉人》《名利场》和《W杂志》等杂志制作摄影发型，曾在《今日》、《真实世界》、Extra 等电视节目中出现。

讲解：

最好等头发干到七八成再用吹风机吹，所以在等待的这段时间里，你可以化妆、换衣服甚至冥想。不要冲动地垂着头吹头发，这样会严重磨损角质层。不要用普通毛巾擦头发，尤其当你的头发很卷或容易卷曲时（你可以用T恤材质的毛巾代替粗糙的毛巾，这样可以在不损伤头发的情况下吸收水分）。给头发分区可以节省时间，所以在吹头发的过程中，可以用一个能夹得牢的分区夹一层一层地向后固定头发。温和而持续的风会闭合角质层，让头发变光亮（把头发的角质层想象成屋顶上的瓦片——这些瓦片是向下的，如果你把吹风机垂直向上对着头发吹，那么这些瓦片会再次打开，头发从而受到损伤）。很多人一吹完头发就马上用手摸。的确，这让人感觉很好，但是你也不想让一切前功尽弃。所以为了让头发定型，你需要等头发完全冷却之后再摸它。

关于洗头发：

想要吹好头发，淋浴的时候就要开始注意了。洗发水应该集中在你的头皮上，这样才能清理头发上的油脂或残留在头皮上的堆积物，这些物质都是发根的负担。护发素对头发来说真的很有必要，它可以提升头发的湿润度，提供能让头发一整天都保持好状态的成分。只需把护发素涂在头发的中部和发梢（如果涂在头皮上或头皮附近，它会给你的头发造成负担）。长头发的发梢是健康程度最低的部分，最需要水分。用凉水冲洗护发素，闭合角质层。

关于无硫酸盐洗发水：
十二烷基硫酸钠是一种乳化剂和发泡剂，被广泛使用在普通的化妆品和工业清洁剂中。它是许多品牌的洗发水的主要成分，具有很强的清洁力和刺激性——把它想象成洗洁精。所以，如果你没有正确使用洗发水（用洗发水洗发梢而不是洗头皮），你基本上就是在用洗洁精洗头发，这会磨损角质层——注定你的发质每天都很差。

小贴士：

萨拉有关延长吹发效果的建议：

- 在发根处使用免洗洗发喷雾。很多人只在最外层头发上使用免洗洗发喷雾，但之后这部分头发会变得油腻、扁平，贴到耳朵和脖子上。为了使基础牢固，从与耳朵齐平的头发开始，一层一层地提起头发并在下方喷上免洗喷雾。每次提起两三厘米宽的头发，重复相同动作，直到提起最外层头发。免洗洗发喷雾可以吸收发根的油脂。
- 抚平凌乱发丝的方法是，把定型液喷在梳子上，用梳子把定型液均匀地涂抹于头发上。必要时你可以用定型液的罐子（它是冰冷的）把凌乱发丝压平（萨拉在拍照时总是这样做）。

- 晚上把头发盘成两个又高又松散的小圆髻。把左边的头发抓起来，向上盘绕成一个圆髻，然后把右边的头发抓起来，向上盘绕成一个圆髻（你看上去像《星球大战》里的莱娅公主）。用软的发带或大发夹固定两个圆髻。在头顶盘出一个发髻用发带固定也是可以的，只要你的头发能承受，不过这会让头发扭来扭去，因为发髻总是向不同的方向偏，很难平衡。盘两个圆髻就不会出现这种情况。
- 把头发编成一根松散、低垂的辫子再睡觉。如果你的头发很长而你想让发型有动感，这样做就会很成功。当你解开辫子时，角质层依然平滑，但头发出现了柔和而美丽的波浪。
- 不要使用橡皮筋，它会使头发扭曲打结，最好用发带、发夹和丝绸束发带（丝绸枕套也很棒，因为它的材质不会在你睡觉的时候磨损头发的角质层）。

清洁并滋润你的脸

"健康的肌肤是最好的粉底。"

——尼亚基欧·格里科

1. 清洗脸部并轻轻拍干。
2. 在手上滴几滴护肤油，用双手把它搓热。从脖子处开始轻轻拍打，接着依次拍打脸颊、鼻子和额头，然后是下巴。
3. 如果你是干性皮肤，想再涂一层润肤霜，现在就去做吧。按照涂护肤油时由下而上的方法，把润肤霜轻轻拍打在皮肤上。

4. 用无名指的指尖轻轻点一些眼霜。在下眼周由内向外点四下。用无名指在下眼周来回点，直到眼霜全部化开（几乎是在给自己做淋巴按摩）。涂另一只眼周时重复同样的动作。
5. 润肤霜被全部吸收并变干之后，涂防晒霜。[①]有关**防晒霜的建议，参阅第 14~16 页**。不管皮肤有多黑，每个人每天都要涂防晒霜。如果你使用的是保湿防晒霜，那就可以跳过涂润肤霜这一步。

专家：

尼亚基欧·格里科是一位皮肤护理专家，创立了 Nyakio Beauty，这是一个免除动物实验、清洁、环保的护肤品牌。尼亚基欧的祖父是肯尼亚的一名药师，所以她在自己的品牌中使用了从大自然中提取的油脂和非洲的其他一些原料成分。

讲解：

每个人即使没有化妆，或者觉得脸一点儿也不脏（我们的毛孔每天都会从外界环境中吸附很多污垢），也应该洗脸。在脸上抹油？是的！我们的皮肤是由油脂构成的，随着年龄增长，油脂会越来越少。有人说："哦，我是油性皮肤，容易长痘。"那么你比干性皮肤的人更

[①] 晚上不要涂防晒霜，而应使用一款更加保湿的润肤霜——这时你的皮肤进入了修复模式。要是再用上睡眠面膜就更好了（使用含洋甘菊或玫瑰果的面膜，这样可以达到芳香疗法的效果——这些香气会帮助你放松）。

需要油脂，你的皮肤为了弥补油脂不够而自己制造油脂，并因此过于劳累，受到刺激，长出粉刺。为了保持皮肤平衡，使皮肤呈现最佳状态，我们必须用油脂来防止皮肤出油。当你给脖子和脸部涂抹产品时，每次都要从最下方开始向上涂抹——绝对不要把皮肤向下拉（万有引力已经拉得够多了）。把产品轻轻拍打在皮肤上，特别是我们眼睛下方的敏感肌肤。在下眼周来来回回地蹭，导致这块肌肤被拉来扯去可不是你想要的效果。轻轻拍打也有助于按摩消肿，并在一大早将你唤醒！每个人都值得拥有一款优质的保湿防晒霜（有色人种患皮肤癌的案例比以往任何时候都多）。把它放在牙膏旁边——就应该像这样经常使用它。

关于高质量的自然护肤产品：

使用这些产品。就像我们的身体不知道怎样消化人造黄油一样，我们的皮肤也不知道怎样吸收含有大量防腐剂的合成产品。你希望皮肤把产品吸收进去，而不是让它停留在皮肤表面。尼亚基欧说，尝试一款新的护肤产品时，不管产品有多天然，都要先做一下皮肤斑贴试验。下巴底部是非常好的试验部位，因为万一产品让你长了痘，它也不会不偏不倚地长在额头正中。

专业提示： 每周去两次角质，去除暗沉干燥的皮肤细胞。我们的毛孔承受了来自环境、汗液和压力的负担——去除干燥、变硬的皮肤细胞之后，皮肤表面就会变得光亮。重要的是记住，即使我们看不见毛孔，它还是和我们身体其他部位一样会变脏。

涂防晒霜

"只有一种护肤产品有助于缓解由日晒造成的衰老迹象,那就是防晒霜。"

——克里斯·伯奇比

1. 如果你使用的是传统的防晒霜,要在出门前30分钟涂好(如果你用的是矿物活性防晒霜,可以在临出门时涂)。
2. 从脸部开始涂抹(使用脸部专用防晒霜,先涂润肤霜再涂防晒霜)。
3. 记得涂耳朵!
4. 向下涂抹身体,把暴露在外的每一寸皮肤都涂上(涂抹全身会用掉约28毫升防晒霜,涂脸部会用掉约1/4茶匙的防晒霜)。
5. 如果你要露着双脚出门,别忘了在脚面上涂好防晒霜。
6. 每隔两小时,或在剧烈运动后,或从水里出来后都要重新涂一次防晒霜(在水边、雪地里或者沙滩上都要格外小心,因为它们会反射太阳的有害光线,皮肤更容易晒伤)。
7. 无论是冬天还是夏天,是阴天还是晴天,每天都要涂防晒霜。

专家:

克里斯·伯奇比是Coola的创始人和首席执行官,它是一个在全世界各地销售有机防晒系列产品的品牌。当克里斯的父母都被诊断出黑色素瘤之后(幸运的是后来痊愈了),他开始反思自己晒太阳的不良习惯，意识到经常使用防晒霜的重要性。由于找不到耐久而健康的防晒霜，克里斯决定创立自己的防晒品牌。

讲解：

上午 10 点至下午 2 点之间太阳光线最强烈，但即使在阴天，也会有高达 20% 的有害光线穿透你的皮肤。90% 可见的衰老迹象都是由阳光造成的皮肤损伤引起的。脸部皮肤是最敏感的，也最易遭受阳光和污染的损伤，因此要从脸部开始涂防晒霜——关键是要找到专为脸部设计的不致粉刺的配方（不会堵塞毛孔）。用轻质保湿防晒霜代替你每天早上使用的润肤霜（如果你需要额外的润肤效果，那就在涂防晒霜前涂润肤霜）。涂防晒霜的时候要注意别漏掉任何一个地方——耳朵和脚背是最容易被遗忘的区域（在海滩假期中，晒伤的双脚会让你非常扫兴）。孩子和大人都适用的一个技巧是，一定要挑选那种涂抹在皮肤上让人感觉舒服，看上去也不错（不会出现厚厚的白色黏块）的防晒霜，这样人们就不会觉得涂防晒霜是件苦差事了。

关于防晒系数（SPF）：

防晒霜是根据防晒系数来分类的，这个数值代表防晒霜折射中波紫外线的能力。防晒系数的分级，是由比较晒伤涂有防晒霜和晒伤没涂防晒霜的皮肤所需的时间而得来的。要挑选广谱防晒系数为 30 或 30 以上的防晒霜，它不仅能保护皮肤不被太阳晒伤，也能降低患皮肤癌的风险，以及避免阳光导致的皮肤过早老化。

专业提示：即使在室内，也要涂防晒霜。窗户无法阻隔长波紫外线（长波紫外线不会晒伤皮肤，但绝对会造成伤害）。研究显示，手机、电脑、平板电脑、电视以及荧光灯和LED灯发出的蓝光（也被称为高能可见光）会射进我们的皮肤深处，比长波紫外线和中波紫外线的穿透力更强。这又是一个不用电子设备的理由！

化妆

1. 如果你用妆前乳，那就先涂它（你应该试试，它会锁住润肤霜的水分，使妆容更持久）。
2. 先涂粉底液，然后涂遮瑕膏。
3. 刷上腮红（如果你会上高光就接着上高光——你应该学会上高光，姑娘）。有关如何上高光，参阅第 18~20 页。
4. 画眼影，先把浅色眼影涂在眼皮上，然后在眼褶内画上深色眼影。
5. 画眼线。
6. 涂睫毛膏。这一步别害羞：一定要把睫毛上下都涂到，包括睫毛根部。
7. 画眉毛。有关眉毛的各种内容，参阅第 20~22 页。
8. 最后画唇膏或唇彩，完成妆容。

专家：

玛莉·龙卡尔是一位知名化妆师，创立了化妆品牌 Mally Beauty（她已经为美国电视与网络购物公司QVC录制了15年节目）。她曾经的顾客包括珍妮弗·洛佩斯、碧昂丝和海蒂·克鲁姆。玛莉经常作为电视节目的美妆女王出现在《瑞秋·雷》《温迪·威廉姆斯秀》《早安美国》等节目中，她也是《爱，睫毛，口红：我美丽幸福生活的秘密》的作者。

讲解：

以前专家经常会建议你先画眼妆，因为眼影掉落的粉尘会把你刚刚画好的底妆弄脏。不过随着产品不断进化，这不再是问题了（如果你的眼影掉落那么多粉尘，是时候换新的了）。此外，先画好底妆，就有了顺滑的基础（既是字面意义又是比喻意义），这样你在画眼妆的时候就不会被黑眼圈或斑点分散注意力了。画眼妆之前刷腮红是关键，因为脸颊上有了颜色，眼睛周围就不需要太多颜色了。画眼影的目的是提亮眼睛，然后用眼线笔勾勒出睫毛线，让睫毛看上去更浓密（在涂眼影之后再画眼线，这样看得清楚）。眼线要画得细一些——眼线越粗，你的眼睛看起来就会越小，因为粗眼线会让你的眼睛看起来像是陷进了头部，就像床单上的两个洞。倒数第2步是画眉毛，因为你的眼妆画成什么样决定了你的眉毛要画出什么特点（浓重的眼妆要搭配浓重的眉毛）。

专业提示： 如果你想要很深的唇色，必须先让你的嘴唇做好准备——去死皮，上光，修毛——因为深色嘴唇会直接吸引人们的目光。选择半哑光配方的唇膏，而不是湿润或油腻配方的唇膏。为了更好控制，使用唇膏的另一面（只要翻转过来使用尖的一面）。然后画唇线，拿一个小的眼线笔或唇刷，在唇膏上刷一下，用它来勾勒唇线。为了更加突出嘴唇的边缘，以及达到画龙点睛的效果，用遮瑕刷蘸取一点儿遮瑕膏，涂在嘴角周围。

上高光

"高光的美在于它能提亮你最爱的部分。每个人都可以用，也应该用——不仅为了完成妆容，也因为它本身是一个让你容光焕发的产品。"

——莉萨·赛奇诺

1. 用完其他化妆品再上高光——或者用它替代其他化妆品。
2. 在眼睛周围的区域上高光，从眉骨开始，经过太阳穴，再到颧骨，画出"C"形，使其充分融合。
3. 把高光轻轻拍打在脸部高点上——颧骨、眉骨、鼻梁、下巴尖，然后使其充分融合（要想找到脸上的高点，可以面向窗户，或手里拿着镜子面向有光线的地方——这样光线会很自然地照在你的脸部高点上）。
4. 用高光刷在嘴唇上方刷一下，使嘴唇看起来更饱满一些。
5. 仔细检查一下所有上过高光的地方，看其是不是都完全融合了——看上去应该很自然，不能像一条线一样。
6. 避免将高光涂在鼻子两侧或眼睛正下方。

专家：

莉萨·赛奇诺是贝卡化妆品公司的全球总经理和高级副总裁。贝卡是一个免除动物实验的品牌，旨在为所有类型和颜色的皮肤创造轻松提亮肤色的产品（其中乳状高光很有名，它能直接渗透肌肤）。莉萨负责创造贝卡的全球品牌价值以及发展品牌战略（她生完孩子的三个月内脸上只打高光，她觉得这很正常）。

讲解：

最重要的是，要正确地上高光，所以不管是在只涂了润肤霜的脸上上高光，还是把它用作完整妆容的收尾，关键是要把它用在正确的地方。高光应该让你的眼睛、嘴唇更吸引人，使脸部整体呈现出活力（脸部高点之所以重要，就是因为高光可以使脸部更加立体）。高光的目的是放大我们的优点（正如贝卡公司所宣传的，高光应该让我们由内而外神采奕奕）。每个人都有一张自己最满意的照片，看着照片会感慨"我看起来棒极了""真想回到那个时候"。这种照片一般都是在海滩上或海滩假日结束后拍的，你会感到自己当时闪耀夺目。高光可以达到相同的效果——它会让你一整天都光彩照人。所以，当你看着自己正确地上高光之后拍的照片时，你会发现一种自然、美丽和令人赞叹的光芒，也许是你十八岁的时候，也许是你在迈阿密的时候。一定要试试！

小贴士：

没带高光笔？没问题。必要时，只要把透明唇彩涂在颧骨上就可以了——反光效果会让你看起来光滑润泽，这样真的很棒，特别是在晚上。如果你想让皮肤更有活力和光泽，就用手指擦一点红色或粉色唇膏，涂在颧骨上。你甚至可以刷上肤色闪光眼影，增加光亮度。

专业提示： 高光笔也可以用来提亮乳沟、肩膀和双腿。你会看起来光滑细腻，闪闪发亮——是的！

画眉毛

"以前，你只需要涂睫毛膏就可以准备出门了，现在你需要的是完美的眉毛！"

——吉米娜·加西亚

1. 使用妆前乳——用眉刷蘸一点儿蓖麻油，效果会很好——很轻薄，不黏稠，有助于护理毛发（眉刷像根小魔杖，和睫毛刷类似，可以在药店或网络上单独买）。
2. 刷一刷眉毛，看看接下来要怎么画。
3. 使用与你的眉毛颜色相匹配的眉笔（用眉笔填充皮肤上眉毛稀疏的区域）。用短小而轻柔的笔触画出短线条，就像在画一根根眉毛。
4. 用颜色稍亮一些的眉粉（混合几种颜色会增强纹理感）。斜角眉刷能帮助你勾勒眉形。

5. 用眉胶使眉毛定型（如果想要饱满、自然的眉毛造型，就靠近眉毛内侧刷眉胶）。
6. 不要画得太夸张——要能看出一根根眉毛，而不只是化妆痕迹。记得要在脸上留自然纹理。

专家：

吉米娜·加西亚是一位备受追捧的知名美眉师，在世界各地做了20多年的眉毛造型，成为香奈儿的首位眉毛艺术家。

讲解：

画眉毛通常是点睛之笔——化妆时的最后一步，但它也许是你的一切。先用眉笔做细致的工作——画出眉毛的形状或填补空隙。对眉毛来说，眉粉只是阴影，和眉毛的纹理质感不能相提并论。用有颜色的眉胶刷眉毛，可以让眉毛保持固定。画眉毛的小秘诀：如果你没有有色眉胶，可以用棕色眼影和精油——用一支小眉刷甚至牙刷来涂。棕色睫毛膏在必要时也能起作用：就像刷眉胶那样在眉毛上迅速刷几下。或者在冰箱里放一片芦荟叶子，拿出来切开，用眉刷蘸取里面的胶液，把它当作眉胶使用。这感觉超级凉爽，而且真的很有效！

关于眉毛染色：

染眉色是让你的眉毛呈现最佳状态的好方法——染眉液聚拢细碎的眉毛，覆盖每一根眉毛，使眉毛呈现均匀的色调和光泽。自然的眉毛容易显得灰蒙蒙的。即使你的眉毛很黑，染色也会让它更光亮、更浓密（如果你长得棱角分明，想要看上去柔和一点儿，也可以把眉毛染得淡一些）。

关于修眉：

用镊子夹掉眉毛周围多余的或是离你理想的眉形较远的茸毛——但不要每天拔。想要眉毛生长的地方不要拔——用小剪刀把这些眉毛修剪得短一些，保持眉形的完整性（否则眉毛上就会出现一个洞）。如果有根眉毛的方向和别的眉毛都不一样，就用镊子朝着你希望它长出来的方向拔掉（皮肤里的眉毛毛囊可以调整方向，眉毛会朝着正确的方向生长——很神奇）。

关于眉毛生长：

你希望眉毛以同样的周期生长，也就是说让眉毛的生长处于同一阶段（这会导致你一直要拔眉毛，但你又不想这么做）。试试把蓖麻油、维生素E和甜杏仁油（每一种用量相同）混合放进小瓶子，每晚睡觉前涂抹。老奶奶讲故事的时候经常会说，每晚梳一百下头发，你的头发就会生长。让眉毛也试试这个方法，真的有效！

调制完美的思慕雪

"早晨喝一杯思慕雪就像冥想一样,它能帮助你设定一天的目标。"

——凯瑟琳·麦科德

1. 买冷冻水果——根据季节不同,这种水果往往会更便宜,口感甚至也比新鲜水果更好。把装有水果的袋子一起放进冰箱的塑料箱里,这样你就知道自己有哪些水果,不需要开着冰箱的门到处翻找了。
2. 一定要在冰箱里常备一些香蕉——半根香蕉就能让你的一杯思慕雪香浓滑嫩,并富含钾元素。
3. 准备几种超级能量食材——你可以把这些有营养的食材添加到思慕雪里,以增强它的营养功效(火麻仁、奇亚籽、蜂花粉、蛋白粉)。
4. 选择搭配原料的液体,牛奶、豆奶(真的很棒)、咖啡或清水(椰子水和绿叶菜极为搭配)都可以。如果想要低热量或零热量的液体,绿茶是很好的选择。它像咖啡一样给你提供能量,但又没有咖啡碱的刺激性。
5. 清洗完果蔬产品之后马上放入思慕雪里,不要提前清洗(特别说明:不用晾干)。有关清洗果蔬产品的内容,参阅第145~147页。
6. 放置思慕雪的原料时,先放软一些、新鲜一些的水果,比如香蕉或牛油果,然后放冷冻水果和绿叶菜——最好有两三种蔬菜和两三种水果。
7. 把粉末或籽粒原料放在最上面。
8. 最后倒入液体(每份一般加大半杯),全部混合搅拌吧!

专家：

凯瑟琳·麦科德是一位美食家，也是网站维利西亚斯的创始人。该网站是一个聚焦家庭与美食的食谱网站，是一个可信赖的内容资源平台（和华丽的"照片墙"账号）。凯瑟琳是《思慕雪计划》、《维利西亚斯食谱》和《维利西亚斯午餐》的作者，和家人每天早上都会喝思慕雪。

讲解：

制作什么样的思慕雪取决于你手头有什么原料。你可以根据自己的口味调制——有些人喜欢热带风味，有些人喜欢巧克力花生酱，有些人喜欢排毒瘦身蔬菜汁。你也可以根据每一天的不同决定当天选择什么样的口味。不管怎样，冷冻原料都是不错的选择。冷冻的有机水果和有机蔬菜会便宜一些，在寒冬你也能吃到草莓，而且不用清洗或切分。建议常备一些绿叶菜：菠菜、羽衣甘蓝、叶甜菜。但绿叶菜只是冰山一角，思慕雪里还可以加入很多其他蔬菜，而你根本尝不出来，比如西蓝花。凯瑟琳最爱的秘诀：冷冻花椰菜。1量杯花椰菜含有2克蛋白质和20卡路里，它能让你的思慕雪在不改变颜色或味道的前提下变得香浓滑嫩。制作思慕雪要尽量做到物有所值。最后，在加入液体前记得放粉末、籽粒和坚果类原料——要是把它们放在杯底，很有可能会被卡住。

小贴士：

预先制作的思慕雪： 如果你早上时间很紧，那就在周日做好一大桶思慕雪吧！把它们分装在七个玻璃瓶里，每个瓶子装四分之三（留有膨胀的空间，这样就不会挤破玻璃），密封好，然后冷冻。每天晚上，拿一瓶放到冰箱冷藏室，第二天早上摇一摇就可以了（思慕雪在冰箱里可以存放三个月）。如果你比家里其他人都起得早，又不想让搅拌机的声音吵醒他们，这也是一个很好的对策。如果你准备把思慕雪留到上班后再喝，可以挤上几滴柠檬汁，让思慕雪的颜色保持鲜亮。

什么样的超级能量食材适合你？你也可以不加这种食材，但如果想要物有所值，为什么不试试呢？

- 你的精力不足？试试螺旋藻、抹茶粉或蓝藻（来自海洋，富含微量元素）。
- 需要更多纤维质？可以试试奇亚籽！
- 如果你想要保养头发、皮肤和指甲，那就添加胶原蛋白。根据凯瑟琳的说法，每位35岁以上的女性都应该服用胶原蛋白多肽，以呵护她们的关节、皮肤、头发和指甲。这一点儿没错！
- 如果你想要提高免疫力，可以试试蜂花粉。它也富含蛋白质，当地的蜂花粉有助于缓解季节性过敏症状。蜂花粉是凯瑟琳的秘密武器——她全家每天喝的思慕雪里都有蜂花粉。

绿叶菜诀窍： 下次如果你手头有一大把绿叶菜，你可以快速制作一批"绿色冰块"——2量杯绿叶菜，1根香蕉，1杯牛奶、水或椰子水，混合搅拌后倒入制冰盘，冷冻一夜。把冰块放进冷冻包或盒子里，在冰箱中可以保存四个月。做思慕雪时加 2 块吧！香蕉能增加一些甜味，如果你只吃绿叶菜，也可以不加。

烹制火候正好、香浓嫩滑的炒蛋

"鸡蛋虽简单，但也有挑战性，它们是厨师融合技巧与风味的最佳素材。"

——雅克·佩潘

1. 在碗里打 6 个鸡蛋，加盐和黑胡椒（约 1/2 茶匙盐和 1/4 茶匙现磨黑胡椒）。
2. 用叉子或打蛋器把鸡蛋打散搅匀（先用叉子戳散蛋黄比较容易搅匀）。
3. 取 1/4 量杯生蛋液放在一边待用。
4. 把 2 大勺无盐黄油放入平底锅里，用中火使其融化。
5. 黄油开始起泡沫的时候，把除第 3 步之外的鸡蛋倒入，用打蛋器轻轻搅动。
6. 不断炒制和搅动，直到蛋液变得嫩滑。鸡蛋应该只会形成极少量的凝块。
7. 继续炒，根据需要把平底锅放在火上或拿起来，直到你用打蛋器搅动鸡蛋时能看见平底锅的锅底。
8. 关火，鸡蛋会（利用余温）继续加热，特别是在平底锅边缘的鸡蛋——这没问题。

9. 加入待用的生蛋液，如果你喜欢，也可以加 2 大勺酸奶油或浓奶油，继续搅拌直到充分混合均匀。
10. 把鸡蛋装入餐盘，鸡蛋就不再烹煮了，尽快享用。

专家：

雅克·佩潘是世界闻名的厨师、作家、电视节目主持人（他曾经和朱莉娅·蔡尔德一起主持一档烹饪节目），也是国际烹饪中心的特别项目主任。他是美国葡萄酒和美食协会的创始人之一，也是詹姆斯·比尔德基金会的理事会成员。

讲解：

这是烹制鸡蛋最健康的方法吗？并不是。但这有关系吗？没关系。这可是雅克·佩潘的方法啊，各位！他是评判厨师制作正宗法式煎蛋水平的人，他太了解鸡蛋了。如果你切好黄油和奶油，并简单地按照烹煮技巧操作，还是能做出完美的鸡蛋。鸡蛋几乎一直被搅动着，这样只会形成极少量的凝块，从而形成极为嫩滑的混合物。鸡蛋容易在平底锅底边缘附近凝结变硬，所以你要确保打蛋器也刮到那里。最后加入并搅拌待用的生蛋液，能防止蛋液在达到一定黏稠度之后熟过头（平底锅和已经熟的鸡蛋会继续释放热量，足够让生鸡蛋变熟）。以上介绍的量足够三个人（或者饿极了的两个人）吃。你可以根据用餐人数按比例适当加量或减量。掌握鸡蛋的任何一种料理方法都需要练习，但当你具备了基本技能，你就能随时露一手。（雅克甚至在正餐时也爱吃鸡蛋，加火腿、芝士、松露汁、鱼子酱都可以！）

快速而直接地了解新闻时事

"观点新闻是缺乏自制力的一个借口。找到那些优先考虑读者和事实而非党派的记者。"

——詹纳·李

1. 认识到保持消息灵通的重要性，并坚持了解最新时事。
2. 知道了解时事不是一件"要么全有，要么全无"的事——你没有两个小时可以用来读一份报纸，或喝一杯燕麦牛奶拿铁，并不意味着你不能关注时事。即使每天只花几分钟时间，坚持下来，你也能成为一个消息灵通的人。
3. 从各种渠道获得可靠的消息来源，并建立你自己的"新闻之家"。持续关注它们，而不是到处去找新闻。
4. 找到你信任的记者，及时了解他们写的新闻（如果你要寻找无党派偏见的信息，就要找真正有新闻工作背景的记者）。
5. 如果你想看新闻观点，可以找观点前后一致、发人深省的社论作者。
6. 向你最喜欢的新闻来源申请每天早上的电子邮件简报（各大新闻媒体一般会发布相同的新闻内容，所以只用挑选一个，并持续关注，避免消息泛滥），或者收听每日电台新闻简讯、网络广播。

7. 关注三大主题的最新消息：经济情况如何，我们的军队在哪里（为什么在那里），以及前沿科技或最新医疗卫生创新（这能让你获得一些乐观向上的新闻）。
8. 经常问问自己："这条新闻的重要意义是什么？"如果你无法回答这个问题，或者你的新闻来源没有写清楚，这篇文章也许不值得你花时间看了。不要被那些充满噪声或内讧的新闻困扰。
9. 关注社交媒体上的摄影记者：他们会带来一些有趣的视角，因为他们就身处新闻发生的地方。

专家：

詹纳·李是美国记者、作家、制片人，也是 Leep Media LLC 媒体公司及 smartnews.com 网站的创始人。在开始自己的新闻业务之前，她是福克斯新闻频道一档每天两小时的新闻节目的联合主持人，她在节目中报道了美国国内外最重大的新闻。

讲解：

仔细考虑你从何处获得新闻是至关重要的，这可以确保你获得可信赖的信息。记者很重要，一位好记者可以缩短你寻找答案的时间，因为他会告诉你完整的内容，而不是带有偏见的信息。同样，找一位能让你对各类热点问题产生与众不同想法的社论作者——这样你既了解了事实，又能在与别人讨论时提出有趣的观点。在你花时间读文章之前，想想新闻的意义。新闻通常会有详细的报道，但没有解释为什么这件事或这个主题很重要。最后，给自己留些时间关注那些介绍科研创新的"好"新闻——你应该了解哪一种前沿科技或者哪一项新研究使我们对健康有了新的认识，或改善了我们的生活。了解新鲜事物的过程时刻提醒你要将视线从新闻头条转向更远的地方，转向前方令人振奋的无限可能。

小贴士：

尝试使用新闻通讯社的应用软件。比如，美联社是一家国际通讯社，因此你可以通过使用美联社的应用软件了解全世界所发生的新闻。在多数情况下，它致力于传送无党派偏见的新闻，这有助于你保持专注（当新闻不掺杂社论的时候，你更容易吸收自己需要的内容，然后接着看别的新闻）。

关于消息灵通：
"无论你对政治是何感觉，你都是一个国家的公民。我认为获悉时事、了解国家的一些重大话题是一项重要义务。从很多方面来说，了解时事是践行爱国主义的一种方式。定期了解有关你所在国家的一些信息，会在许多方面丰富你的生活。"

——詹纳·李

专业提示： "如果有时候你非常担心世界局势，你要花点时间把新闻与社交媒体区分开来。我们都知道这两者是互相关联的，但是与其在社交媒体上偶然发现一则内容空洞的新闻，不如花时间阅读一篇关于时事话题的高质量新闻。国际新闻其实可以缓解焦虑，提高你对生活的兴趣。重质量，轻数量——这是一句老话，却很有道理！"

——詹纳·李

第 2 章

从此地到彼地

早晨出门备忘录

"穿上鞋和从车道倒车出来之间并非零距离。很多人认为两者之间是紧密衔接的,所以他们总是会迟到五分钟。"

——劳拉·范德卡姆

1. 确定一个地方放置你一天要带的所有物品——这个地方可以是玄关、前厅或门厅。
2. 要让家里的每个人都知道这个地方(给每个人都准备好属于自己的挂钩、箱子、架子,用来放他们的外套、背包、鞋等)。
3. 如果在别处发现了属于这里的物品,必须马上把它放回原位,最好是谁拿走谁放回来(否则他们怎么能吸取教训)。
4. 准备一个包或皮夹,把你经常需要用的贵重物品放进去。如果你从里面拿出了东西,花几秒时间把它放回去。现在就放——我等你。

5. 总的来说，尽量少带东西。哪些东西是你真正需要的？少带，少带，少带。

6. 如果你经常忘带某样东西，那就准备两个，把其中一个放在你需要用它的地方。上班的地方有健身房？在办公桌下面多放一双运动鞋。这不算太大的投资，却能保证你永远不会忘记。

7. 在车上或旅行包里放一些物品：一把备用伞、环保购物袋、一副太阳镜。一旦拿出来用了，记得再放回去（你不觉得这将是一个潮流吗）。

8. 把东西放在一起，迫使你不会忘记它们。如果你不想忘带准备当作午餐的剩菜，就在前一晚把钥匙放在冰箱里的鸡肉沙拉上。

9. 如果要记住非常重要的事，就写一张便条，贴在出门前一定能看见的地方（也许是门上）。

10. 花点时间在脑海里检查一遍你今天需要带的物品清单。

专家：

劳拉·范德卡姆是一位时间管理专家，也是《下班时间：做更多事却感觉不那么忙》、《一流成功人士早餐前都做什么》和《168小时：你拥有的时间比你想象得多》的作者。（她确保自己的孩子不会忘记带午餐盒的秘诀是，让孩子在学校买午餐！）

讲解：

没错，想要沉着地出门，真的需要训练把物品放回原位的习惯。为那些物品找一个家，这样一来，当你（或和你生活在一起的某个人）说"嘿，我的××在哪里"的时候，那个物品只会出现在一个地方。而那个地方恰巧在大门旁边，你出门时必然能看见它。人们经常说："前一晚就准备好，第二天早上就省时间了。"但这样你会花更多时间，因为你基本上做了两次准备工作。不仅如此，你晚上还会熬夜，因为做完第二天的准备工作之后你还想度过一段属于自己的时间。而不管你做什么，睡得晚会让你第二天早上更糟糕。找到一个专门放置物品的地方，这样一来，这些物品本身就没离开过那个地方，你不必每天晚上都重复把物品放归原位。把经常要用的东西放在你一直带在身上的某件物品里。把现金、卡、太阳镜放在同一个皮夹或包里——当你把几个包里的东西来回倒腾的时候，最容易发生"哦，我的驾驶证在那个包里"这样的事！最容易忘带的就是你可能会留在家里的东西，所以把这些东西和那些你不带就没法出门的东西放在一起（比如钥匙或者裤子）。贴在恰当位置的便条很有帮助，如果你有孩子，就在门边贴一张每周计划表，把他们的活动写在上面，你就能随时看到了。但是，如果你每天早上都有一大堆事情要记住，甚至需要写满一张清单，你的生活未免太复杂了！简单些吧。

通过有四向停车标志的道路

1. 把车停稳。
2. 如果你准备转向,请确保打开转向灯。
3. 和其他驾驶员进行一下眼神交流。
4. 哪辆车先到路口,哪辆车先走(这是基本规矩,在十字路口也是这样)。
5. 要是两辆车同时到路口怎么办?最右边的车先走。如果三辆车同时到,依然是最右边的车先走,然后按从右到左的顺序依次通过(也就是说最左边的车要等到另外两辆车开走后才能通过)。
6. 如果相向行驶的两辆车同时到达路口,其中一辆车要转弯,另一辆车要直行,那么直行的车优先通行。如果两辆车都直行(都没有打转向灯)或者转向不同的方向,那么可以同时慢慢地通过——你永远不知道另一名驾驶员是否真的会按照他表现出的意图行驶。
7. 如果四辆车同时到达路口,没有通行规则——只需等待最强势的驾驶员(至少有一个)最先出发,然后按照上述步骤小心通过。

专家:

埃米莉·斯坦是交通安全联盟的主席。交通安全联盟是一个致力于教育司机在道路上安全驾驶的非营利组织。该组织在整个美国广泛开展工作,以提高公众对开车分心的警惕意识。交通安全联盟所著的《家长监督驾驶计划》一书,是一本写给青少年驾驶员的父母的免费指导手册。

讲解：

是的，你确实需要在停车标志前停车——即使你赶时间，即使那里没有其他车辆。如果有其他车辆，眼神交流就很关键了。你要让别的驾驶员知道你看到他们了，同时让他们也看到你。这是一项重要的安全检查步骤，尤其当许多驾驶员开车分心的时候。即使驾驶员打电话时使用了免提功能，你也知道他们在打电话，因为他们不会完全把注意力集中在道路情况上（还有很多驾驶员不打转向灯或者打错转向灯）。如果你接近人行横道时看见一辆车停在那儿，首先应该想到的是行人。"看看路上的轮子和脚"这句话能帮你记住，我们和行人、骑车人共享道路。如果人行横道上有人，驾驶员应该让他们先走。正常的礼节在驾车过程中很有帮助，可以决定一个人上下班是否顺心。当你礼让别人时，他们向你挥手表示感谢，这多么令人愉快。要是他们不让你，或者不向你挥手，这多让人恼火。当然，善意有时也会适得其反，比如碰到的每个人都很大方，都示意让对方先走。要是真出现了"你走，不，你走，不，你走"这样让来让去的情况，只用笑一笑营造一下轻松气氛，然后把车开走——随便哪个人，开走吧！

小贴士：

环岛、环形交叉路口的情况如何呢？当你快到路口时，减速跟在左边的车辆后面，也就是说如果你左边有辆车快到环岛了，你来不及先到，就必须等待。如果已经有车在环岛内了，他们可以优先通行。如果你的车已经在环岛内了，千万不要停下来让其他车插进来；这不是你该做的事，这也不是一个"善意"的举动，而且它可能导致很严重的问题。让环岛通行更容易的一个方式是，用转向灯表明你的意图。如果你在环岛内，但准备过大半个环岛，那就打开左转灯告诉别人你还没准备开出环岛。它会让那些正在等待的驾驶员明白，他们不能插到你前面。当你准备开出环岛的时候，你就打开右转灯示意别人。

专业提示：研究显示，开车时以任何形式使用手机都会分散注意力，从而妨碍驾驶。即使是等红灯的时候瞥一眼手机，也会导致"宿醉效应"，驾驶员分散注意力达 27 秒后才会重新注意到目前的状况（比如，别的车正以 96 千米/小时的速度从身边开过）。就像人们常说的，免提不代表免危险。

自己给车加汽油

1. 知道你家的车的油箱在哪一边（看看仪表盘上的汽油表。旁边有一个加油泵小图标，图标旁有一个箭头会指向油箱所在的一边。这真让人茅塞顿开）。
2. 根据油箱所在的位置将车按照合适的方向开进加油站，减速停下以便油箱正对加油泵，两者之间留出一段可以行走的空间。
3. 下车前打开汽车加油口。
4. 关闭发动机，带上你的信用卡或借记卡，下车去付钱。如果想付现金，你必须走进加油站的门店并且预估你要加多少油。
5. 拧开油箱上的盖子（直到你准备加油时，才可以这么做）。

6. 选择你要加的油品，按下相应的按钮，然后把油枪从油泵上拿下来（也可能需要抬起操纵杆）插入油箱，确认全部插入，然后放下油枪手柄。

7. 按下手柄开始泵油。为了让汽油顺畅地流入，要找到手柄附近的小环扣，把它向下折，然后放到下方的槽口里。

8. 当油箱加满时，你会听到油泵停止的声音，此时拿出油枪，顶端朝上，以免油滴落，然后把油枪放回支座（取油枪之前如果抬起了操纵杆，那么这时候要把它放下来）。

9. 把油箱上的盖子拧回去，一定要拧紧。要听到三次"咔哒"声，如果你的油箱盖发不出"咔哒"声，就拧到不能再拧为止。

10. 拿好收据，回到车上，慢慢驶离油泵。

专家：

克里斯·赖利是AutoWise的创始人，这是一个由汽车专家组成的网络社区，为世界各地的汽车爱好者（以及普通的驾驶人）提供最新消息、内行见解及操作指导。

讲解：

打开车门前把该做的事都检查一遍才能让每次停车加油更有效率。加油口打开了吗？发动机关闭了吗？信用卡拿在手上了吗？这样你就不用来来回回跑五遍了。等到你真正准备泵油的时候再把油箱盖子拧下来——盖子一旦拿走，油箱里的燃料蒸气就会泄漏到空气中，这对环境是不利的。加油最困难的部分是你必须站在那儿等油箱加满。你不能走远，但可以检查玻璃水等液体，确认它们不需要再加了——或者用清洗工具把挡风玻璃清理干净。当你准备离开时，一定要谨慎驾驶。有人会倒车或挪车，因为他们忘了自己的车的油箱在哪一边（比如写这本书之前的我，每次到加油站都会这样）。

小贴士：

一些不能做的事：
- 不能在油泵附近吸烟。这是不言而喻的，不过还是要提醒一下：汽油是可燃物，火星就能酿成巨大的灾难。
- 加油时不要使用手机。这可能产生火星，甚至导致火灾或爆炸，不过可能性不大。此外，用手机会分散注意力——你有可能加错油品，或者忘了把油箱盖子拧回去（美国有些州甚至制定了"禁止在加油站使用手机"的法律）。
- 加油时不要重新回到车上。如果你出于某种原因需要进入车内，一定要摸车子的金属框架，以释放所有静电。

有趣的事实： 新泽西州是美国仅剩的一个认定"自己加汽油"是违法行为的州。

搭电启动抛锚车

1. 找到正常车和抛锚车的电池位置,它们通常在引擎盖下,但也有可能在后备厢里或座椅下。
2. 把正常车停在抛锚车旁边,使搭电线够得着两辆车的电池,但要留有一定的操作空间,然后关闭发动机。
3. 把电线分开,可以看到两端分别有一个红色导电夹和一个黑色导电夹;把它们放在两个电池附近的地面上。从现在开始不要让导电夹相接触。
4. 找到两个电池的正负接线柱。接线柱是电池顶端或侧面的小螺栓或旋钮——正极标有"POS"或"+",通常是红色的;负极标有"NEG"或"–",通常是黑色的。
5. 从抛锚车开始,把红色导电夹连接到正极上。
6. 来到正常车旁,把另一个红色导电夹连接到正极上,把黑色导电夹连接到负极上。
7. 回到抛锚车旁,把最后一个黑色导电夹连接到电池的负极上。
8. 启动正常车,让发动机空转一分钟左右。
9. 启动抛锚车(可以先祈祷一下)。
10. 让两辆车都运转,按照接线时的相反顺序小心地把搭电线拆下来:先是抛锚车上的黑色导电夹,然后是另一辆车的黑色导电夹和红色导电夹,最后是抛锚车上的红色导电夹。在导电夹全部拆下来之前千万不要让它们接触。

专家：

哈里·亨德里克森是纽约州黑尔赛特市亨德里克森汽车养护公司的老板，他做了 50 多年汽车修理，深受人们喜爱。他已经记不清用搭电线启动了多少辆抛锚车，但他说自己每天都会做这件事。

讲解：

这是一项需要严格按照顺序操作的任务，要是不按照顺序来，就会火花四溅——很糟糕的那种。如果正负极导电夹接触了，而电线的另一端正接在一块电池上，这块电池就会形成"电弧"，也就是说有电流经过，它会熔化金属（也会产生火花）。发动机附近不能有火花，因为汽油会冒烟（这也是哈里告诉我们不能在启动抛锚车时抽烟的原因——注意了）。要先把红色导电夹连接到抛锚车的电池上，因为它的电量最少，所以是最安全的。记住，红色连红色，黑色连黑色（连错电线会导致车辆的电脑短路）。在启动汽车之前，扭动一下导电夹，确保所有夹子夹紧，电线不碍事。我觉得你也许想把这一页撕下来，放到车子前排座位的储物箱里。我不会介意的。

专业提示： 如果搭电操作成功，你的车子启动了（如果你的搭电线没问题，并且按照以上每个步骤操作，你的车子应该能启动），不要关闭发动机。可以开一会儿车或者让发动机空转至少 30 分钟，给电池充电。如果下次用车时车子没有启动，你就该换电池了。

第 3 章

更智慧地工作

> **换上衣服迎接重要的工作日**

"像准备食物一样计划你的着装——提前准备得越多,着装时压力越小(也越成功)。"

——萨利·克里斯特森

1. 至少在你开会或做报告的前一天计划你的着装(也许你需要跑到干洗店取衣服,所以别等到前一天晚上六点以后)。
2. 当你不确定穿什么时,就选择你觉得穿起来好看的衣服,即使它不是最新款或你所有衣服里最漂亮的,也没关系。
3. 选择一种你喜欢也能让你看上去更漂亮的颜色(不知道哪个颜色让你看上去更漂亮?当你的朋友说"哇哦,你穿这个颜色太好看了"的时候,你要留意一下)。
4. 如果你会出现在屏幕上,如Zoom(手机视频会议软件)、Skype(即时通信软件）、《今日采访》等，不要选择有图案的衣服——它们会分散观众的注意力，也不要选择暗淡的颜色。大多数人穿深红色衣服都很上镜。

5. 所有重要的衣服都要熨烫好。有关如何熨烫衬衫，参阅第 113~115 页。

6. 把其他需要搭配的饰品都找齐——首饰、内衣、鞋子，然后把它们全都挂在你的衣橱里。

7. 早上换装前把该做的事都做了（做发型、化妆、吃早餐、喂饭、亲吻甚至看看孩子）。别让化妆品或孩子洒落的食物弄脏你的上衣，先别穿正式的衣服，穿一件 T 恤就行了。

8. 在你准备出门前再换衣服。

9. 给镜子里的自己拍张照片（或者让和你住在一起的人帮你拍），下次不知道穿什么的时候可以看看这个造型。

10. 出门。有关如何自信地走进房间，参阅第 231~232 页。

专家：

萨利·克里斯特森是新兴时尚品牌 Argent 的创始人兼首席执行官，这个品牌引领了职业装变革的潮流。在创立 Argent 之前，萨利有过十年的金融与技术行业从业经验，那时候她就在努力寻找不仅看上去漂亮而且兼具实用性和职业性的服装。美国政要或者明星等都是 Argent 的客户。

讲解：

提前做好所有的决定，这样在重要的工作日早晨，你就可以把精力集中在你的报告、采访和活动上，而不是纠结于到底该穿什么。一般来说，女性会浪费二三十分钟——有时甚至一小时——试穿不同的衣服。这样效率太低了！别忘了把搭配衣服的内衣和胸罩也放好。知道什么颜色的衣服最适合你的肤色很重要，因为突显自己的颜色会让你看上去勇敢而自信，让别人更容易记住你。当然，让这一切顺利进行的关键是，你真的喜欢你衣橱里的衣服。你也许要为某个场合购买新的单品。大部分职业装公司都有造型师，他们的工作是帮你找到最适合你的身形和行业的衣服。他们会用拍立得相机拍摄很多张不同的服饰搭配照片，这样你就可以想象一下它们在现实生活中的效果。

小贴士：

每个女人的衣橱里都应该有的必备品（可以让准备工作更快完成，还不用说脏话）：

- 一套优质的定制西装——西裤和西装上衣，你可以穿一套或者搭配其他衣服（西装上衣搭配连身衣，西裤搭配牛仔夹克）
- 一条适合办公室穿的漂亮牛仔裤（特别是在偏休闲风格的现代工作场所里）
- 基本款黑色长裤
- 一件西装上衣（颜色与套装不同）

- 一件牛仔夹克（可能还要一件皮夹克）
- 一件好看的风衣

请重视衣服的质量，轻视数量——这些衣服是构成衣橱基础的"投资型服装"。然后你可以定期购买新的衬衫、背心、围巾和饰品，不需要花很多钱就能让你的必备品保持新鲜感。

得体地坐在椅子上

1. 在椅子前站直。
2. 注意双脚全脚掌着地。
3. 运用核心肌群屈膝坐下，同时尽可能保持上半身挺直（这里会用到核心肌群的力量）。
4. 坐下后，将注意力集中在骨盆上，移动坐骨，调整姿势，直到你感觉舒服为止。
5. 身体稍微前倾，让躯干与骨盆呈一条直线。
6. 耸起肩膀，向后伸展，再放下。
7. 抬起头向后靠，把头高高扬起，使其与你的盆骨和躯干处于一条直线上。
8. 调整椅子的位置，让你的臀部高于膝盖或与膝盖齐平，使膝关节呈90度或大于90度角。

专家：

史蒂文·魏尼格是一位国际知名的姿态专家，也是《站得直——活得长：抗老化策略》的作者。

讲解：

正确的姿势会减轻肌肉和关节的压力，而研究也显示，含胸驼背的人的皮质醇（压力激素）水平比较高，睾丸激素水平较低，并且驼背的样子让人感觉很不好。站得直和坐得直让你看上去更自信、更有精神。因此，坐得得体的第一步是站得得体。你需要自下而上保持良好的姿势，所以先关注双脚，然后是骨盆，接着是躯干，最后是头部。人们坐下后第一件事往往是垂头弯腰。为了避免驼背的发生，你的臀部不能低于膝盖（也许需要调整椅子的高度）。坐好之后，你的手应该舒服地放在桌子上，手肘弯成直角。当你专注于手头的事时，你会忘记这个姿势？是的，但如果你能记得检查自己的坐姿并且重新坐好，哪怕一天只有几次，也会有很大不同。你坐得越直，核心肌群用得越多（腹肌，我们来了）。

小贴士：

不管你坐得多得体，还是要经常起来走动走动。一般来说每三十分钟就要起来走动一次。你可以考虑养成一些促使你走动的工作习惯（例如边走路边开会），因为我们的身体不应该长时间保持坐姿。

发送有效的电子邮件

"人们工作到很晚的一个主要原因是他们写不好电子邮件。"
——贾斯廷·克尔

1. 使用简单的主题行，字数控制在七个词以内（为了便于在手机屏幕上阅读，主题需要位于同一行）。
2. 跳过冗长的问候语。只用写简单的一句"你好，尼克"，然后就直奔主题。
3. 先写结论，也就是你写这封邮件要达到什么目的。
4. 使用项目符号列出所需的任务清单（你对收件人提出了清晰的要求吗？你的想法一定要有条理，这样他们才容易答应你）。
5. 留出空白。
6. 检查邮件格式。收件人收到的邮件会是什么样子（当它在约5厘米×10厘米的屏幕上时会是什么样子）？人们难以接受没完没了的一大段文字。
7. 删除多余内容，留出更多空白。
8. 选择一句结束语（如"一切顺利""谢谢""万事如意"等），一直用下去。
9. 写上你的名字（即使你不写结束语），否则邮件会让人觉得有点儿草率，尤其是当你要求收件人为你做事的时候。

10. 删除任何包含励志名言、图片或领英个人资料的长签名。(签名会塞满人们的收件箱,通常以附件的形式出现,这反而会导致他们很难快速阅读和回复。)

专家:

贾斯廷·克尔是工作效率顾问和 *Mr. Corpo* 播客节目的创始人,也是《如何写电子邮件》、《如何在工作中表现出色》和《工作时怎么哭》的作者。

讲解:

写电子邮件的目的是尽可能快速、方便地获取你需要的信息。它从一个直截了当的主题行开始。即使你正在和一个人就其他事情通信,当你开始谈论新话题时,就用一个新的主题行开始新的电邮链;否则,收件人很容易忽略它,因为它可能看起来像是旧消息。读小学时,老师教我们先做介绍,提供支持证据,然后总结。在写工作邮件时,顺序相反:首先是结论,接着是行动步骤,然后是支持证据(要是他们有耐心读到那里)。写电子邮件的有效秘诀是:列出要点。想想收件人看邮件时的体验。你可能会在一个大的台式电脑或笔记本电脑屏幕上写邮件,但人们很可能会在会议间隙或从网约车上下来时在手机上读邮件。邮件中的空白处让他们有喘息的空间,也更方便他们应对和回复。关于结束语,找一个跟你的风格接近的说法,并且一直用它——你每天就可以少做一个决定,就像史蒂夫·乔布斯不用每天决定他的工作着装一样(考虑用"一切顺利"作为你的"黑色高领衣")。

小贴士:

要是电子邮件里出现了让人恼火的内容,别回复。你无法用一封邮件打赢另一封邮件。离开电脑,一对一解决问题,通过电话或者面对面解决。好消息是:恃强凌弱的人通常会在对峙时退缩。你可以这样说:"嘿,我们好像有分歧。"他们可能会说:"哦,不,不管你想要什么……我只是评论一下而已。"如果这是一封群发邮件,关键是你要用一个决议回复所有人("嘿,事情解决了,我们准备如何做"),这样大家就知道你们不会在邮件里吵起来了。这也让别人相信你是解决问题的那个人,而且你赢得了电子邮件大战。

发送一条语音留言

"经验之谈:如果听留言的人不得不重听你的留言,你可能没做好这项工作。"

——乔尔·施瓦茨贝里

1. 留言时要像用了重点符号一样逐条罗列,而不是说一大段没有重点的话。

2. 大声练习几次（这有助于让你所想的和所说的协调一致）。
3. 当你听到留言提示音后，先说简短的问候语（"你好，萨拉"），然后马上告诉对方你是谁，来自哪个公司（"我是来自ABC公司的埃米·史密斯"）。慢慢说，注意你的发音。
4. 告诉对方你的电话号码。
5. 如有必要，简要地说明你和对方的联系，如"我们上周在公司会议上见过"或"我从我们共同的朋友凯文那里获知了你的名字"等。
6. 避免冗长的开场白，比如道歉，开门见山说重点（难道"我很抱歉打扰你"这句话就不打扰别人吗）。你想安排一个会议？想问别人要一个电子邮件地址？想要得到报酬？直接说。
7. 你的要求要简单明了，而且只提一个要求。
8. 再说一遍你的联系方式——放慢语速，发音清楚，然后重复一遍。
9. 用两件事结束你的留言：感谢（"谢谢你，萨拉"）和期待（"我期待和你探讨、处理或应对此事"）。

专家：

乔尔·施瓦茨贝里是战略沟通培训师，也是《说重点！让你的信息更清晰，让你的话更有意义》的作者。他还是专业演讲作家和美国演讲冠军，曾为《哈佛商业评论》、《快公司》和《演讲高手》杂志撰稿。

讲解：

好吧，电话留言有点儿过时了（对不起，老爸），但有时候这是很有必要的。显然，知道你要说什么是关键。要点思维法可以帮你专注于关键信息，减少不必要的字眼（要说重点）。提出多个要求会让留言复杂，给听者带来负担。听众可能耳朵在听你的留言，但眼睛盯着"照片墙"——他们的工作邮件。这就是你在一开始就要清楚说出自己名字的原因，如果一开始没说清楚，他们会在听你留言时不停地想"等等，这人是谁"，而不是专注于你说的话。大多数人会在留言的最后才留下自己的联系方式，但如果听者没在第一时间听到，他们只能从头到尾再听一遍消息（太麻烦了），所以留言一开始也要留下你的电话号码或电子邮件地址（选择一种联系方式）。

通过电子邮件介绍两个人相互认识

1. 把两个人的名字都写在主题行里："介绍埃林和贾斯廷相互认识。"
2. 在邮件里单独跟每个人说话（如果你代表另一个人联系某人，先对你要联系的人说）。"埃林，我想让你见见贾斯廷。"
3. 介绍一下贾斯廷（分享他的个人资料或网站链接）。
4. 对你正在帮助的人说："贾斯廷，埃林就是我告诉过你的人。"如果需要，加一句内容，说清楚为什么要把他们联系起来。
5. 指导他们接下来谁该做什么。"贾斯廷，你应该与埃林保持联系，给她买杯咖啡。"

6. 提出将自己的邮件地址改为密件抄送或从电邮链中删除。"接下来不需要我参与了。"

专家：

贾斯廷·克尔是工作效率顾问和 *Mr. Corpo* 播客节目的创始人，也是《如何写电子邮件》《如何在工作中表现出色》和《工作时怎么哭》的作者。

讲解：

花点时间介绍双方的信息——分享他们的领英个人资料或网站可以让这一切变得简单，并明确谁应该采取下一步行动。当人们通过电子邮件被介绍认识时，面临的最大难题往往是谁先回复。作为介绍者，你的职责是帮他们确定谁应该负责安排会议、电话或咖啡。请求退出电邮链，纯粹是为了你的收件箱好。

表达你的观点

"人们不会记得你具体说了哪些话，但他们会记住你所说的意思——如果你有明确的观点。"

——乔尔·施瓦茨贝里

1. 明确你的观点（观点是一种论据，而不只是一个主题或话题）。问问自己："如果我的听众只能从我的表达中带走一个想法，我希望它是什么？"这个想法应该能突出你的观点。

2. 为了保证你的想法确实是一个观点，可以把它放进"我相信_____"这句话来检验一下（把你认为是你的观点放进空格里，如果形成了一个完整的句子，这句话就是观点；如果不能形成完整的句子，你就要重新考虑你该说什么了）。

3. 通过表达最高价值的观点让你的观点更有力（"霸气"的表达）。不要说"如果我们为会议做好周全的准备，我们将给客户留下深刻的印象，并能够更好地表达我们的想法，从而使事情更有效率"，而要说"如果我们为这次会议做好周全的准备，我们将赢得这笔生意"。真棒！

4. 不要用"烂形容词"（太宽泛而无法表达价值的形容词）。与其说某件事"很好"，不如说它好在哪里。这是"理由"，你需要用一种有影响力的方式把它表达出来。

5. 有进有退。一旦你表达了观点，就闭上嘴。

专家：

乔尔·施瓦茨贝里是战略沟通培训师，也是《说重点！让你的信息更清晰，让你的话更有意义》的作者。他还是专业演讲作家和美国演讲冠军，曾为《哈佛商业评论》、《快公司》和《演讲高手》杂志撰稿。

讲解：

有了观点再说出来，似乎是一件很简单的事情，但你会惊讶地发现，很多人只是喋喋不休，却期望别人能理解他们的想法。为了产生影响，你要提出一些有价值的想法，所以有必要推敲你要表达的信息。编辑你的观点时，注意不要用"极好，了不起，很棒"这样的形容词——它们很有迷惑性，但实际上内容空洞。（谁不想和很棒的事情联系在一起？）我们都知道"少就是多"，但我们也要明白"过犹不及"。如果你要传达好几个想法，不要一股脑儿说出来。选择最重要的一个，集中精力说这个想法，其他的以后再说，每次只说一个。说的时候别东拉西扯。人们会记住你说的最后一句话，所以在结尾处唠唠叨叨只会让听众分散注意力，淡忘你的观点。

给别人建设性的反馈意见

1. 请求对方允许你反馈和（或）花时间听你的反馈："嘿，我想给你一个反馈意见，可以吗？"
2. 说出你的意图（你为什么给他们反馈意见）。说之前，确保你自己清楚自己的意图——不应该是为了让人难堪或贬低别人，只是为了帮助他们更成功。
3. 说出你观察到的——这是"事实"环节，所以应该是客观、道德中立、可量化的。[①]

4. 告诉他们你所观察到的与规范之间比较的结果。这是"事实与规范相比"的环节。如果你没有提前说明规范准则，这时你就该说："我们期待的做法是这样的。"

5. 和对方分享他们的行为会带来的影响——这是"结果"环节。这样可以确保对方明白这样的改变会带来什么影响，并专注于改变。

6. 把他们的行为放在一定的情境中，即"我所了解的你"环节。"据我所知，你对我们的客户非常关心，所以我希望你能考虑做出一些改变，我认为这样可以更好地反映出你对客户的关心。"

7. 问对方："你怎么想？"

8. 提出一个行动计划，即"现在该做什么"环节。最理想的是你们合作制订计划，但如果不行，则应该更多地由对方制订计划而不是你。

9. 感谢他们。对方能够接受反馈意见是你想要促进的一种行为，所以如果他们接受了并且做得很好，就要让他们知道。

专家：

德博拉·格雷森·里格尔是"谈话支持"的首席执行官兼首席沟通顾问，"谈话支持"是一家专注于领导力和沟通技巧的高管培训公司。

[①] 如果你的反馈对象是一个愿意接受反馈，以及关心工作质量和人际关系的人，那么你可能做到这一步就不需要再继续了。他们可能会说："我懂了，谢谢，我会努力的。"

她曾在宾夕法尼亚大学沃顿商学院、哥伦比亚大学商学院和杜克大学企业教育学院任教。她也是《克服过度思考：缓解工作、学校和生活焦虑的 36 种方法》的作者。

讲解：

如果你是老板，提反馈意见时就不必先征求别人的许可。但是，你应该做好准备，确保你提反馈意见的方式能够引起共鸣，并带来迅速而富有成效的改变。所以你可以说："现在给你一些关于客户会议的反馈意见，没问题吧？"你的意图也许是"我想这能帮助你更好地服务我们的客户"。接着进入以下六个基本环节。

1. "事实"——确保"事实"是关于行为，而不是对方的个性或人格。你可以说"在我们的会议中，我看到你三次打断客户"，不要说"你对客户很粗鲁"（粗鲁是对行为的一种解读，你看不见粗鲁，你看见的是打断谈话这个行为）。
2. "事实与规范相比"。
3. "结果"。
4. "我所了解的你"——为了不让建设性的反馈意见被完全否定，你可以在你所了解的对方的积极方面中提出反馈意见。
5. "你怎么想"——希望对方感觉这个过程是一次对话而不是独白，所以"你怎么想"环节也许可以早一点出现——但如果没有，你也要确保这个环节会出现。你可以说："我已经谈了一段时间了，这是我的观点。你的观点是什么？我们在哪些方面想法相同，哪些方面不同?"

6. "现在该做什么"——在日历上写一个日期,以便日后再次检查。当我们给别人——孩子、配偶、员工——反馈时,我们经常会想"天哪,我希望我不用再提起这个话题了"。呃!消除你的恐惧和焦虑,准备好再次提起它吧。

开一场富有成效的会议

1. 你一定要清楚会议的目的,然后问问自己:"这个会议有必要开吗?"如果是……
2. 选个好地方。如果你在同一个无聊的地方开同样无聊的会议,你也会得到同样无聊的结果。
3. 好好考虑谁需要参加并确认他们会参加。记在日历上的会议邀请并不靠谱。
4. 向所有参加会议的人说明会议的目的,以便他们有备而来。
5. 计划好会议将如何进行——不仅需要议事日程,而且需要每个议题的流程:这个议题是否需要创造性的想法?我们要集体研讨吗?我们要针对这个议题做决定吗?仅做信息通报吗?
6. 决定会议记录的方式、详细程度和人员。
7. 准时开会。准时!
8. 如果会议时间比较长,比如超过两个小时,就要让与会人知道中间会有休息时间。如果人们知道有机会在休息时间查看手机,他们就不太可能在开会时分心看手机了。

9. 告诉每个人后续的行动计划，明确谁要做什么以及截止时间。确定每个待办任务怎样算"完成"，这样一来，每个人的预期都是相同的。
10. 按时结束会议，如果你真的想让大家开心，就早一点儿结束。

专家：

丽贝卡·萨瑟恩博士是Sage Solutions的创始人，这是一家专门从事合作战略规划的咨询公司（丽贝卡的工作之一就是进入企业，教人们如何准备和推动成功的会议）。她著有《思路敏捷，不按套路出牌但仍在正轨上》。

讲解：

你不需要为了开会而开会。当前能采用的最方便的讨论方式是什么——打电话？写电子邮件？开电话会议？（召开面对面会议的主要原因是减少认知盲点，增强每个人的参与度。）真正关注开会目的，可以帮助你决定会议是否值得召开，然后让团队始终处于正轨（如果你不知道什么是"正轨"，你很有可能会脱离正轨）。太多人被邀请参加他们不需要参加的会议，我们都曾在开会时听到人们说"哦，这件事我做不了决定，我得问某某人"，所以要保证你邀请了对的人（那个"某某人"来参加会议了）。在创造性的空间里，人们的思维更有创造性——可以是办公室内或办公室外；比起空间本身的特征，人们更在乎空间的改变，不过两者都很重要。如果你能很好地处理和明确会议的细节，人们会非常投入（视觉资料有助于人们保持兴趣并记住信息）。最后，会议记录是会议结束后能一直存在的内容，所以一定要确保归档，保证记录的准确性，记录不要太长、太多，否则没人看。

专业提示：会议开完就离场，不需要待在那里闲聊。如果你是与会者，你可以问："今天开会需要我做的事都做好了吗？"如果答案是肯定的，那就走吧。不需要告诉别人你为什么不想留在那儿，或者你有什么急事，千万别说你实在太忙了（会显得你比其他人更重要，别人不喜欢这样）。

提早离开工作活动现场

1. 你在走之前，想清楚你要走的理由（以及为什么可以先走）。
2. 让关键的人知道你的计划，这样你自己就有了打算，他们也会做好打算。
3. 不要寄存你的外套。
4. 尽早与人交际。
5. 对别人说"谢谢"和"再见"，不要只是迅速离开。
6. 没有内疚地离开。你的出现对你和他们来说已经是胜利了。
7. 利用离开活动现场和到家之间的时间来减压。做深呼吸，写完电子邮件，记一些笔记，或者做一些事情来帮助自己从之前的活动中转移出来，为下一步做好准备。

专家：

劳伦·史密斯·布罗迪是孕五期咨询公司的创始人，该咨询公司通过支持职场新父母来帮助企业留住女性人才。她是《孕五期：职场妈妈的风格、理智和成功指南》的作者。

讲解：

做决定是成功离开最重要的一步，所以要考虑好你为什么要走以及在活动中你会得到什么。你需要做好准备，即使遇到一件好事，也必须中途离开，让你的同事也做好准备，当甜点上桌时，桌子边会有一个空座位。你在到达活动现场时，要做好方便离开的准备（比如，不要坐在一排座位的中间，要坐在过道上）。你希望充分利用你的时间，所以要去争取面对面和别人交流，确保和你需要见的人见面（甚至可能要提前一点儿到达那里）。走进一小群人并做自我介绍是很困难的，但是"你的时间有限"这个事实会让你鼓起勇气。不要因为和一个可能不是最重要的却是最容易交谈的人（比如你的工作伙伴）说话而变成活动的局外人。关键是不要来无影去无踪——可以是低声耳语，点点头，熊抱，甚至是简短地对别人说"很高兴你来了"，你从中得到了什么，你迫不及待地听大家讲之后发生的事。

专业提示： "如果你离开是因为你是一个有孩子的上班族，那么当你回家后（或第二天早上）请告诉你的孩子你在哪里，你在做什么，以及为什么你要在那里。不管是把你的家长身份带到工作场所，还是把工作带回家让孩子明白你不是每天都凭空消失,都应该让你感到舒服。你不必隐瞒你工作的事实、工作的原因,也不必隐瞒工作中的挑战和胜利。它们都能使你成为一个完整的人,让孩子看到这些是很有好处的。"

——劳伦·史密斯·布罗迪

要求加薪

1. 想想你要怎样加薪,记住:这不仅仅是关于薪水。更灵活的工作时间?更长的假期?更多责任还是换个职位?
2. 确定你的后路(你能接受的最低标准)。它可能是你目前的薪水,或者如果你有别的工作可以做,那薪水可能会更高。在开始加薪谈话之前,你可以咨询人事部门,看看你的薪酬是否合理,同时研究一下你的职位在市场上的平均工资水平,明确你的愿望,并想清楚你在谈判中的定位是什么。你的定位是你实际要求的工资,它应该高于你的愿望,这样你就有了讨价还价的空间。
3. 有别的工作可以做——另一份工作邀约,或者其他部门的一个职位,或者和人事部门沟通,看看部门、事业部或公司里是否还有其他的机会。
4. 想想对你的上司来说什么最重要,以及他可能需要什么。
5. 和你的上司约定一个合适的时间,告诉他这场会面是关于什么内容的(不要在走廊里突然拦住他要求加薪)。
6. 开始谈判时,你可以这样说:"我想谈谈加薪和其他一些对我来说很重要的事情，但我也希望能谈谈对您来说重要的事情，以及我们怎样能找到对双方而言都可行的办法。"

7. 讨论一下你在第 4 步中确定的一些事。也许你的老板经常与人交际，这让他很晚才能回家，并且很难照顾家人。你可以主动提出帮他承担一些责任。
8. 最后他会说："好吧，你要多少薪水？"这时你就要把你的价值，哪些事你做得好，你为什么这么优秀，你想要什么（你的定位）等都告诉他。
9. 如果你的老板不准备答应你，那就提出第 3 步。你可以这样说："这对我来说很重要的原因是我收到了另一份工作邀约。我想留在这里，所以我很乐意与您共同想办法实现这个目标。"

专家：

塔德·迈耶是"职业生涯谈判"培训公司的总裁，他指导个人提高领导力，指导公司提高员工参与度和推动个人进步（如何获得加薪）。

讲解：

你准备得越充分，这场谈话就越顺利。如果你突然闯进上司的办公室，要求得到"更多"或"一个惊喜"，你可能得不到你想要的。有另一份工作邀约显然是件大事，因为它让你有了优势——只要你把它用作一个信息点，而不是威胁。不要一开场就介绍你获得的奖项和荣誉，而是把谈话的重点放在你能为对方做些什么上。虽然他不会对这次谈话感到兴奋，但这能引起他的兴趣，最终他会问你想要什么。谁最能满足对方的需要（即使没有对方，也能把事情做得很好），谁就在谈判中更有优势。如果你能给他一些他需要的东西，就更容易促使他和你达成协议。

第 4 章

让工作日富有成效

安排好你的工作日

"平衡不仅意味着管理你的注意力,也意味着管理你的一天。为合理的日程表设定一个清晰的框架,不仅能让你喘口气,还能确保你清楚自己是如何分配时间,以及时间分配在哪里。"

——妮科尔·拉平

1. 看看当天的日程安排,确定哪些事项是无法调整的,以此决定待办任务的优先顺序。有关怎样写一张你真的能完成的任务清单,参阅第 91~93 页。
2. 拖延。我说的是真的!把那些不急的事情放到第二天(或以后)的清单上。
3. 看看剩下的任务中哪一项符合你的目标,去掉那些不符合目标的任务,然后把剩下的任务按优先级降序排列。

4. "吃青蛙"。据说马克·吐温说过:"如果你的工作是吃某只青蛙,最好早上起来第一时间就把它吃掉。如果你的工作是吃两只青蛙,最好先吃最大的那只。"换言之,先完成最重要或最棘手的任务。

5. 注意你的生物钟和你在一天中不同时间的感觉,这样你就可以相应地计划工作(比如在你头脑最清醒的时候处理更需要集中精力的任务)。

6. 在早上最清醒的时候,安排一段时间回复电子邮件或做一些"思考性工作"。

7. 把会议安排在午餐后。研究表明,下午尤其是下午3点,是开会等社交活动的最佳时间。

8. 不要为了让日程表看上去整齐,就给一件事安排满满的30分钟或1小时(如果一场会议只需要7分钟,很棒!你找回了23分钟属于自己的生活)。

专家:

妮科尔·拉平是《成为超级女人:从倦怠到平衡的12步简单计划》《富婆》《女老板》的作者。她曾是美国消费者新闻与商业频道和美国有线电视新闻网有史以来最年轻的主播,主持了美国有线电视新闻网的早间节目,同时为微软全国广播公司节目和《今日》节目报道商业话题。

讲解：

为一天制订一个高效的计划，关键在于排列优先顺序，把一些事情推迟到第二天或以后再做。当你计划一天的工作时，一定要考虑你的生物钟。在早晨醒来的 2~4 个小时，你的大脑是最敏锐的。排列优先顺序时，拖延和担心你害怕的事情只会更费脑子。所以，如果你必须解雇某个人，为某件事承担责任，或者处理一个充满压力的项目，那就趁早完成。确定一下你是召开面对面的会议，还是通过电话讨论（或 Zoom）更高效。有关如何更高效地召开会议，参阅第 58~60 页。

关于忙碌：

"'忙碌'的人会不加选择地填写他们的日程表：整理桌面，取干洗衣服，和一个不感兴趣的人喝饮料。'高效'的人根据他们的目标和意愿安排任务的优先顺序。密切关注你一天的工作，好好考虑如何安排你的日程。"

——妮科尔·拉平

随时关注你的电子邮件收件箱

"电子邮件是我们的共同语言，并仍然是办公室里最重要的沟通形式。"

——贾斯廷·克尔

1. 提前 10 分钟上班。
2. 在会议开始前查看并回复所有新邮件。
3. 发送的信息要简明扼要。有关如何写电子邮件，参阅第 48~50 页。
4. 只有在确实需要的情况下才将联系人添加到电子邮件中（这样可以避免新邮件被"回复所有邮件"的消息淹没）。
5. 如果有人给你发了一封群发邮件，一定要回复所有人，让大家知道你是负责任的。
6. 当你向某人提出要求时，给他一个异于寻常的截止日期（星期二下午 3 时 22 分）。这使你的截止日期与其他的都不相同（"星期四下班前"是办公室里经常能听到的截止日期——况且，每个人对"下班前"的理解都是不同的）。
7. 如果你需要跟某个人反复沟通，而这个人暂时应该不会离开，那就给他打电话或者走到他的办公桌旁，面对面解决问题。

专家：

贾斯廷·克尔是工作效率顾问和 *Mr. Corpo* 播客节目的创始人，也是《如何写电子邮件》《如何在工作中表现出色》和《工作时怎么哭》的作者。他每年会在各家公司的办公室做 40 场演讲，告诉人们应该多发而不是少发一些电子邮件（人们并不总是相信他）。

讲解：

电子邮件是一种保持领先优势的游戏。你必须查收电子邮件，这样人们才能为你提供继续工作所需的信息。不管你有怎样的日程安排，你要在每个工作日中时不时地抽出 5 分钟的秘密时间回复一两封邮件（这些不起眼的工作时间加起来每天能达到 30 分钟或 30 分钟以上）。如果你收到一封群发邮件，是的，你需要回复所有人——你可能认为你回复发送邮件的人就是在帮助别人，但其他人不知道你已经回复了，因此会浪费时间跟进。如果你仍然觉得自己手忙脚乱，那么你第二天就提前 10 分钟上班。一直比前一天提前 10 分钟，直到你感觉能够从容投入工作，就可以重新调整上班时间了。这意味着在一周左右的时间里，你可能都要提前上班——但另一种选择是，在接下来的六个月里你会感到完全不知所措。

小贴士：

不要在周末或深夜发送工作邮件。 首先，那让你看起来跟不上工作节奏，但更重要的是，如果你在晚上 11 点或者星期日回复电子邮件，人们会觉得他们可以随时联系你。奥普拉告诉我们，我们教会了人们如何对待我们。我们要告诉人们我们只在工作时间回复工作邮件。

创建你记得住的安全密码

"电脑在计算和识别图案上比人脑快得多。但人类始终比电脑更有创造性,这是人类与黑客工具相比最大的优势!"

——makeuseof 网站的编辑

1. 创建一个基本密码——首先考虑一个短语、一个地名、一个姓名或一个电话号码。

2. 让它变得不那么容易识别。可以找一个你喜欢的短语——"Love Makes The World Go Round",然后用每个单词的第一个字母来创造一个新词:LMTWGR。也可以用数字随机替换单词中的字母(例如,Lifeskills 变成 Lif3skill5),或者把你选择的单词倒过来拼(例如,Technology 变成 ygolonhceT)。

3. 加入数字或特殊字符,比如把字母改为特定的数字或符号,以便你记住它——"i"改为"1"或"!",或者改变单词的拼写(love 变成 luv,to 变成 2)。

4. 确保你的基本密码符合以下标准。

   - 字典里找不到。
   - 包含特殊字符和数字。
   - 包含大小写字母。
   - 至少包含十个字符。
   - 即使包含用户信息——你的生日、邮政编码、电话号码或你小时候生活的街道(哎哟)——也要做到很难被猜到。

5. 牢牢记住那个基本密码。你能行的！
6. 一旦你有了一个强度很高的基本密码，你就可以用它为你的每个网上账户创建单独的密码，方法是在基本密码的末尾或开头添加某个服务程序的前三个字母。例如，你的Gmail账户使用"密码+Gma"，eBay账户使用"密码+eBa"（注意："password"这个词本身并不是一个好密码）。

专家：

蒂娜·西贝尔和雅拉·兰西特是makeuseof网站的技术作家和编辑，该网站每天发布关于如何充分利用互联网、计算机软件和移动应用程序的建议和指南。

讲解：

想想你有多少个不同的密码？如果答案是十个以内，那么你一定给不同的服务程序设置了相同的密码，这样会使你的账户处于风险之中。记住大量密码的秘诀是拥有一个基本密码，你可以根据要登录的服务程序做轻微调整。这样你就只需要记住一个密码。你真的需要让每个账户都有单独的密码。想象一下黑客破解了你唯一的密码后，你会如何！注意，有些账户不允许使用特殊字符作为密码。在这种情况下，应该增加密码的长度并使密码尽可能抽象。同样，如果密码长度限制为六至八个字符，就尽量保证多用其他密码设置技巧。

小贴士：

需要帮你找个好词作为你的基本密码吗？选择一本纸质书，随便翻到一页，或者找一个特别喜欢的段落，然后选择你可以用的一个单词。比如，某版《雾都孤儿》第3页第12行第5个单词是"placid"，所以你的基本密码可以是3placid125。用一种你更容易记住的方式排列数字。除此之外，你可以在合适的位置添加一些符号，甚至可以用铅笔在书上标记这个单词，这样一来，要是你不小心忘记了密码，还可以再次找到它。

专业提示： 使用密码管理器（这类软件可以创建出几乎不可破解的密码并替你记住这些密码）。你只需记住你的单一主密码，其他所有密码都会被安全存储起来，以便你在需要时检索。你只需单击鼠标即可自动填写账号和密码，因此非常方便。有些密码管理器甚至可以存储和自动填写信用卡信息和账单地址，这让网上购物更安全、更方便。

有趣的事实：最常用的两个密码是"password"和"123456"。

午餐吃什么让你不会在办公桌上犯困

1. 列出你一直喜欢订餐的三个地方。
2. 问问自己："我喜欢在那里吃什么，那里的什么食物让我感觉很好？"
3. 想想你上一顿饭或零食吃过些什么，以此来缩小选择范围——如果你只吃了胡萝卜和鹰嘴豆泥，那么一碗沙拉可能没法儿满足你。
4. 想想你晚餐会吃什么，以及什么时候吃。选择要多样，确保让你满足（如果你晚餐吃得早，就不要吃太多）。

5. 看看你的日程表，了解下午有什么安排，一场大型会议？那就别吃谷物了（它会增加额外的碳水化合物，并且在你需要提神的时候让你感觉更困）。
6. 根据你选择的菜式，想想如何在你点的菜中增加一些蔬菜（一份沙拉、一份蔬菜卷，三明治上多放些菠菜、青椒）。
7. 加一杯无糖饮料——补水是关键！

专家：

杰克琳·伦敦是注册营养师和营养学家，也是《配菜（揭穿饮食误区）：让你吃得多、压力小、身体棒的 11 种科学方法》的作者。她曾担任"好管家协会"营养实验室主任，目前是"WW"（原 Weight Watchers）的营养与健康主管。

讲解：

我们在工作中选择饮食的时候不太注重营养，这与我们饮食的量有关——要么不够，导致我们最后吃了不少糖果；要么太多，导致我们下午三点想爬到办公桌下面。仔细搭配营养的饮食可以让你在下午更有效率。我们的目标是获得纤维、蛋白质和对自己有益的脂肪。纤维会让你有饱腹感，同时有助于减缓消化和吸收营养的速度，使血液中的葡萄糖更稳定——这意味着你不会累垮。所以，多吃蔬菜，频繁地吃，尽你所能地吃（转变思维：想想你能在餐食中增加什么，而不是减少什么）。水分也是能量的关键，所以要常备饮用水或其他无糖饮料。好消息是：你每天可以摄入的咖啡碱比你想象的多——每天可达400毫克，也就是960毫升咖啡！

小贴士：

吃了一顿高碳水化合物的大餐后，你有没有觉得自己像被麻醉了？这可以从生物化学的角度解释。当你吃了很多简单的碳水化合物，比如面包和面食中的碳水化合物，你的身体会释放胰岛素来对付所有的葡萄糖和其他较小的氨基酸，这样一来，像色氨酸这样的大氨基酸就会直接进入你的大脑，而不会遇到竞争对手。当色氨酸进入你的大脑，它会变成血清素和褪黑素，从而使你昏昏欲睡。如果你特别容易这样——很多人都会这样——午餐时就别吃面食和谷物。

有趣的事实：火鸡并不是导致你在感恩节后精神萎靡的原因。餐桌上的所有东西几乎都含有大量的碳水化合物，这才是导致你慵懒的原因。火鸡的蛋白质含量特别高，实际上它可以调节胰岛素水平，对抗疲劳——所以应该将你的慵懒归咎于火鸡的馅料，而不是火鸡。

防止和管理干扰

1. 明确要求获得一段单独工作的时间。
2. 解释一下你为什么不想被打扰："最后期限快到了，我希望有两个小时来完成这个任务。"

3. 不要感到愧疚。
4. 询问可能出现的任何障碍:"有没有什么事情会让你很难接受或无法接受这个要求?"
5. 提前表示感谢。
6. 关上你的门,戴上耳机,关掉通知,切断与外界的联系(你甚至可以在电子邮件和短信里设置自动回复),向别人和你自己表明你正专注于重要的事情。
7. 给予别人反馈并请求别人给你反馈。在你的平静工作期结束后,看看它对那些允许你这么工作的人带来了怎样的影响。希望那并不糟糕,这样你以后还能使用这个技巧!

专家:

德博拉·格雷森·里格尔是专注于领导力和沟通技巧的高管培训公司"谈话支持"的首席执行官兼首席沟通顾问,曾在宾夕法尼亚大学沃顿商学院、哥伦比亚大学商学院和杜克大学企业教育学院任教,著有《克服过度思考:缓解工作、学校和生活焦虑的36种方法》。

讲解:

在有可能被打扰之前提出单独工作的要求,但一定要说明原因——我们与他人建立信任的基本方法之一就是解释我们的决定,哪怕对方不一定会同意（如果你不知道怎么解释你提出这个要求的原因，可以这么说：研究表明，一旦注意力被破坏，你需要30分钟才能重新获得心流）。你的要求不应该是咄咄逼人或被动的，它应该是坚定的。咄咄逼人是以牺牲别人的需要来满足自己的需要，被动是以牺牲自己的需要来满足别人的需要，而坚定是在满足自己需要的同时，仍然尊重别人的需要。因此，当你询问可能出现的障碍时，你也许要妥协或协商。但该要求别人给你单独工作的时间时就提出来，不要迟疑。

小贴士：

当你不可避免地被干扰时，试试这样说："我有一件事正做到一半，我可以给你5分钟时间，但请你明白，我已经分心了，无法集中注意力听你说；或者我在×点钟的时候可以全神贯注地听你说。你觉得哪种情况更好？"如果他们选择当下的5分钟，你必须尊重他们的选择。

居家办公

1. 指定一个专门的工作区域（如果有一扇门可以关上，那就更好了），这样你就不会只是拿着笔记本电脑在沙发上躺着——就像我现在写下这句话的时候。
2. 不要一睡醒就马上投入工作，给自己一点儿过渡时间再开启你的一天。

3. 洗澡和换衣服（你不必穿西装，但换掉睡衣有助于你进入合适的工作状态）。
4. 和你的团队沟通好你什么时候有空，并空出那段时间。
5. 吃顿午饭或者休息一下，但在你离开之前告诉别人你要离开电脑。
6. 不要同时处理好几项任务，不要工作时做家务，工作时间里就专注于工作。
7. 腾出一些人际交往的时间（午休时和另一位居家办公的朋友一起喝杯咖啡或散散步）。
8. 规定一个离开的时间，就像在办公室一样。关上第 1 步里提到的那扇门。
9. 别忘了人际关系以及职业发展——如果可以，去办公室和大家见面交流，参加会议，安排午餐会。

专家：

劳伦·麦古德温是《有力的行动》的作者，也是职业网站 Career Contessa 的创始人和首席执行官。该网站专为女性打造，通过专家建议、面试、一对一辅导以及基于技能的在线课程和资源，帮助女性在职业生涯中取得成功。（劳伦对女性职业发展资源的缺失有亲身经历，并于 2013 年成立 Career Contessa。）

讲解：

你每天早晨坚持做的习惯动作会为一天定下基调，防止你过度劳累。不管你信不信，工作太多对居家办公的人来说是个大问题。如果没有明确的开始和结束时间，工作和家庭生活之间的界限很容易变得模糊。换好衣服也是向家里其他人发出信号，表明你实际上正在工作。指定的工作区域进一步帮助你将工作与家庭生活区分开来，有意识地告诉别人你什么时候工作，什么时候不工作。如果你和办公室其他人准备一起去吃午饭，你可能会站起来宣布"我要去吃午饭了"或者"我有一大堆会议要开"。当你居家办公时，你也不必为了表明你真的在工作而带着手机去洗手间。你可以寻找与人互动的机会——不管是在日常生活中（和朋友一起喝咖啡）还是在你的工作（社交活动）中。居家办公可能会让你感到孤独，我们现在都很清楚这一点；如果你是唯一的远程员工，而其他人都在办公室里，你就要确保你的劳动合同里规定公司每个月或每两个月安排你回到公司。如果其他人都有面对面的时间，而你与他们格格不入，那就不好了。

小贴士：

不要害怕做不到。人们居家办公的时候，非常害怕有些事做不到，因为他们觉得他们不仅要不断地工作，而且要同时处理多项任务。嘿，我在家里，我应该去洗碗、洗衣服，然后去信箱取信。但是，被私事分散注意力可能是成功居家办公的最大障碍之一。这需要自制力，但与其在工作间隙收拾衣服，不如休息一下，和朋友一起吃午饭，或者去公园散步，让你的大脑也得到休息。

专业提示： 如果你知道自己必须提早退出一个电话会议或Zoom，可以在一开始就告诉大家你需要在通话 × 分钟后离开，之后会跟进会议情况。当你需要退出时，只用挂断电话，这样就不会打扰别人了。如果你突然要退出，最好在会议暂停时礼貌地宣布你需要退出，但随后会跟进，然后退出！但有些人总是花很长时间跟其他人告别或期待着别人跟他们告别。求你了，走吧——不声不响快点儿走。

第 5 章

把家里收拾得井井有条

清理物品

"当你开始清理一个空间时,最大的问题是你把注意力集中在那些东西上。但重要的不是那些东西,而是你自己。"

——彼得·沃尔什

1. 问问自己:"我想要什么样的生活?"
2. 看看你正在清理的空间和你正在处置的物品,然后问自己:"这些东西帮助我创造了我想要的生活,还是分散了我的注意力,影响了我想要的生活?"
3. 你要知道杂物主要分为两种类型:"唤起记忆的杂物"(让我们想起一个重要的人、成就或事件)和"我有一天可能会用得着的杂物"(一块木头、一个火锅、一条你上大学时穿的紧身牛仔裤——为了那些想象的未来而不愿意丢弃的物品)。

4. 与其考虑一个空间里需要什么（窗帘、灯、枕头等），不如考虑你想从这个空间里得到什么（舒适、逃避、动力等）。

5. 你想好之后可以给家里的每个人两个垃圾袋，把计时器设定为 10 分钟。一个装垃圾（或可回收物），放进垃圾箱；另一个装要捐赠的物品，拿到你的车上。

6. 使用比例规则：对于数量很多的物品（书籍、玩具、T恤），选择 1—10 的一个数字 x，每保留 x 个同类物品，就扔掉一个。如果你存放物品的空间不够，就重复这个过程（可以把 x 这个数字变小一点儿）。

7. 清理厨房时，把橱柜抽屉里的所有物品都拿出来放到纸板箱里，在橱柜台面上放一个月。每次用完纸板箱里的东西，就把它放在该放置的地方。一个月以后，看看箱子里还剩下什么，然后考虑捐掉它们（要记得留下平时很少使用但也需要的物品，比如感恩节制作火鸡的滴油管）。

8. 对于衣柜，试试反方向挂衣架的方法：把衣柜里衣架上的所有衣服都朝反方向挂。每次穿完衣服后，再把这件衣服按正方向挂。六个月后，把没有按正方向挂的衣服——除了特殊场合的服装——都捐掉（你在 80% 的时间里只穿衣柜里 20% 的衣服，这就是证据）。

9. 清理浴室时，读一下数字：化妆品的保质期或有效期。一个很好的经验是，某个产品的使用部位离眼睛越近，使用期限就越短。睫毛膏大约每四个月需要更换一次，其他化妆品和乳液可以使用一年，香水的保质期是三年。

专家：

彼得·沃尔什是一位整理设计专家，也是电视界和广播界的名人，还著有多部《纽约时报》畅销书，其中包括《一切都太多了：用更少的东西过上更丰富、更充实的生活的简单计划》和《放手吧：精简你的生活方式，过上更丰富、更幸福的生活》。

讲解：

要先重新思考你和你的物品之间的关系——物品应该对你有用，而不是没用。如果它有用，那就太棒了；如果它没用，问问你自己："它在我家做什么？"我们保留许多物品是因为如果丢弃它们，我们害怕会失去一段记忆或不尊重给予我们这些东西的人，或者我们认为总有一天需要这些东西。但是，你有没有因为这些东西而不知所措？如果它让你脱离了现在，让你对未来可能发生的事情感到焦虑或忧心忡忡，让你对过去发生的事情感到沮丧和无法释怀，那么你现在并没有真正过上最好的生活。这时你就需要清理物品了。所有这些技巧都是为了帮助你尊重家里的空间，这样你才能在那里真正快乐地生活。

整理你的杂物抽屉

"把整理你的杂物抽屉想象成管理你自己的杂货店。"

——希拉·吉尔

1. 把厨房的橱柜台面清理干净，这样你就有了工作空间。
2. 把计时器设定为 15 分钟。
3. 把抽屉里的东西都倒在台面上。
4. 把抽屉擦干净，清除所有的灰尘和残渣。（还有融化的止咳药？）
5. 找出真正的废旧杂物——口香糖包装纸、旧收据、用完的马克笔——然后扔掉。
6. 把剩下的东西分成两堆：一堆是你想放回抽屉里的东西，另一堆是你想保留但应该放到别处的东西。
7. 安装抽屉内部收纳盒——买一套组合式收纳盒，把它按照适合你和你的物品的方式排列放置。
8. 精简你想保留的东西并放回抽屉——必须是你需要经常使用的东西（便利贴、马克笔、车库备用遥控器、口香糖、电池）。
9. 重新命名这个抽屉。如果叫它杂物抽屉，你基本上就是准备用它收集废品。所以从现在开始把它称为实用抽屉吧。
10. 把留在橱柜台面上的其他物品放到合适的地方去。

专家：

希拉·吉尔是知名家庭整理类咨询公司 Shira Gill Home 的创始人，也是《简约主义》的作者。

讲解：

计时器是希拉的一个妙招，希拉告诉客户这并不是一个大工程——让你的杂物抽屉改头换面只需要 15 分钟，这称为"15 分钟的胜利"（在"照片墙"上，她使用"15 分钟的胜利"这个话题标签，帮助她的客户乃至全世界的人积累和庆祝他们的小小胜利）。她还说，她通常发现一个杂物抽屉里 90% 的东西都是真正的废品。所以，在考虑该保留什么的时候，让自己无情一些吧。即使那件破碎的圣诞装饰品没有任何纪念价值，你也一直想用胶水粘好它？你确定？抽屉内部收纳盒很重要：一个格子放钢笔和铅笔，一个格子放剪刀，一个长条格子放锤子（希拉在她的实用抽屉里存放简单的工具）。把抽屉整理干净，让它看上去像个小店，不仅能让你方便地拿取必需品，而且让你不想往里面扔废品了。

打开信箱

"你只需要两次碰信件：第一次是把它从信箱里拿出来整理的时候，第二次是准备处理它的时候。不要'只是为了看看'而打开——这浪费时间和精力。"

——科琳娜·莫拉汉

1. 确定一个存放信件的地方（橱柜台面的一角、大门旁柜子上的托盘）和一个处理信件的地方，比如家里的一张办公桌（你可以在同一个地方丢掉信件和处理信件）。

2. 每天都要拿信，但前提是你至少有 2 分钟时间。
3. 马上把未打开的信件分为两类：留下的和扔掉的。
4. 把信件放在第 1 步里提到的"存放处"。
5. 把该扔进垃圾桶或回收桶的东西扔掉。
6. 无论是每天还是每周，你有 15 分钟来打开信件的时候，带上你的日历、电话或笔记本电脑，把它拿到处理信件的地方。
7. 打开你的信件！
8. 如果你收到一封邀请函：查看日历，回复，并在日历上做好标记，然后扔掉邀请函（最好当时就订购礼物——未来你会感谢自己的）。
9. 如果你收到一张账单：马上定好付账时间。有关支付账单的更多信息，参阅第 93~94 页。
10. 如果你收到一张卡片：读一读，发一条感谢短信，然后扔掉它，或者存放起来。
11. 在日历上记下你不能立即处理的待定事项，并把它们放在你处理信件的地方。

专家：

科琳娜·莫拉汉是 Grid+Glam 的创始人和首席执行官，Grid+Glam 是一家总部位于波士顿的全方位服务专业整理公司，它将美学与功能结合在一起。科琳娜的"照片墙"上有让人眼馋的办公桌和餐具柜图片。科琳娜·莫拉汉还创立了"G+G"会员俱乐部，为会员改造自己的家提供由易到难的工具、课程和资源。

讲解：

关注信件的关键是要意识到这是一件日常琐事，就像洗碗一样。这个过程分为两个部分，一是拿信件，二是处理信件，这两个部分通常是在不同的时间完成的。你有几分钟时间整理信件的时候才去拿信，这是很重要的一步——不要在你急匆匆准备去开车的时候拿信（账单会掉在车座之间）。对那堆需丢弃的东西一定要无情——是的，产品目录很漂亮，但它们只会合伙嘲笑你。比起你在一大堆优惠券中发现一个划算的产品所能省下的钱，你的时间更值钱。

小贴士：

如果你要外出旅行超过五天，可以在邮局网站上设置暂缓收信。在你准备回家的前一天再让邮局送信，这样信件就会比你早到。回家的那天，按照上面的第 3、4 和 5 步进行操作。你至少有 45 分钟打开信件时，再开始第 6 步。

重新整理你的抽屉和衣柜

1. 拿一两个鞋盒放在抽屉里，让背心、T恤、紧身裤等在抽屉里有相互隔开的、专门的收纳空间。

2. 把抽屉里的东西倒在一个平面上——床上、梳妆台上，甚至地板上。
3. 决定你要保留的东西。不要保留任何你不喜欢或者不能给你带来快乐的东西。如果穿上某件衣服让你感到兴奋，你就知道你喜欢它（如果它脏了，你会很郁闷）。
4. 把你留下的衬衫叠起来。
5. 从颜色最深的衬衫开始整理，把衬衫垂直放在抽屉里（就像在文件柜里放文件）。确保将衣物折叠到抽屉的高度，这样你就可以最大限度地利用空间，并且不想把东西扔在它的上面。
6. 抽屉里的裤子也这样叠放。
7. 把每双袜子对齐，折成三等份，垂直放在袜子抽屉里（人们通常把它们卷成小土豆的样子；不要这么做，这样会把松紧带撑大）。
8. 打开你的衣柜，确保所有的衣服和衣架都朝向同一个方向（像装卫生卷纸一样，哪个方向都可以，只要选择一个适合你的方向）。
9. 把长的、重的、颜色深的衣服挂在左边。
10. 把短的、轻的、白色的衣服挂在右边。

专家：

帕蒂·莫里西是一位生活方式和整理专家，也是纽约亨廷顿一家治疗性整理和生活方式公司 Clear & Cultivate 的创始人。帕蒂被哥伦比亚广播公司《今晨》节目称为"魔术师"，被《纽约时报》称为"整洁大师"。2016 年，她成为日本以外首批有资质的 KonMari 高级整理顾问之一，并与近藤麻理惠密切合作，担任高级顾问认证项目的首席讲师。

讲解：

存放衣服的关键是清晰可见：不要像在GAP（一家美国服装公司）店里看到的那样把衬衫一件一件地叠在一起，试试像放文件那样垂直放置它们。这样衣服不容易起皱，因为不会被压在抽屉最下面，你也不会总是拿最上面的两件衬衫。叠衣服的时候，用手抚平衣服——你的皮肤散发的热量能有效地平整衣服。这一步还可以帮你注意到衣服上的瑕疵，如果有污点、小洞或纽扣掉了，就不要收起来。对于衣柜来说，关键是不要在里面塞太多东西，否则你无法滑动衣架。把长衣服和短衣服分开，短衣服下面就有空间存放箱子或盒子。颜色的渐变很有道理，也会带来好心情（研究表明，看到抽屉和衣柜里的那些彩色线条会让人产生积极的感觉）。细心呵护那些除你之外没有人能看到的东西，这会给你带来一股强大的力量。打开抽屉或衣柜时，你会有一种一切尽在掌控中的平静和安定的感觉。你要把衣柜整理得像一家时装店一样，让人觉得来你的衣柜购物是一种乐趣。

专业提示： 在衣柜里放一个"发件箱"，你看到不喜欢的衣服时，就把它扔进去。定期清空这个箱子，把里面的衣服捐出去，或者在网络上卖掉。

时尚专家的话：

"别再穿不合身的衣服了！"《嘉人》杂志的主编阿雅·卡奈（曾任赫斯特出版物的时尚主管）这样说。"在衣柜里放一些让你感到内疚的衣服不是一种好的生活方式。我们的身形会发生变化，让那些不合身的衣服在衣柜里积满灰尘并不会促使你以后穿上它们。有人会喜欢它们！"时装转售市场（即二手服装市场）已经具有很大的影响力和重要性，因为时装业是全世界第二大污染行业。很疯狂，对吧？你可以尽自己的一份力，把不合身的衣服脱掉，让别人赋予它们新的生命。

第 6 章

让日常琐事更简单

列一个可完成的待办任务清单

1. 找出对你来说最优先的三到五个事项（工作上的和生活上的）。
2. 把这些优先事项横着写在一大张纸的顶部，像列标题一样。
3. 在相应的优先事项下列出你要做的事情（把"预订按摩服务"归入"更好地照顾自己"）。
4. 注意：有些任务与你的任何优先事项都不匹配（比如打电话给租车公司投诉那荒唐的超额收费）。再列一栏，名为"其他5%"。
5. 把相似的任务标记在一起。把需要集中精力处理的事情标记为"思考性工作"，而把可以快速完成的任务分为"5分钟行动项目"和"15分钟行动项目"（如果你喜欢，可以用一种颜色来代表一个项目）。
6. 想一想你用什么顺序能最好地完成这些事情，并给它们编号。
7. 把待办事项标记在日历上，为"思考性工作"安排一整段时间，为可以归为一类的"行动项目"安排小段的时间。

专家：

克里斯蒂娜·卡特博士是《甜蜜点：如何做得更少，但收获更多》的作者。她是一位社会学家，也是加州大学伯克利分校至善科学中心的高级研究员。

讲解：

为了列出有意义的（和成功的）待办任务清单，你要感觉自己正朝正确的方向努力——因此设定优先事项是第1步。优先事项可以是"培养友谊"或"发展业务"，并且要控制在五项以下，如果你同时专注的事情太多，大脑就会不堪重负。如果不这样设置优先事项，你就有可能把一整天的时间都花在"其他5%"的事情上（处理那些烦人的行政任务的时间不应超过45分钟）。列出待办任务清单上的每一项也是极其低效的。类似的任务应该在同一时段完成，这样你就不会经常在需要专注的事情和很快可以做完的事情之间来回切换。把待办任务添加到你的日历上是很重要的——如果你的大脑不知道什么时候要做某件事，它就会一直干扰你（天哪，我得去买狗粮了）。仅仅把这些写下来也是不够的，你必须清楚地知道你要在星期二下班回家的路上买狗粮，然后你的大脑才会放下这件事。

专业提示： 你光是看着清单就不知所措了？你肯定做错了什么。如果你知道自己没有时间或不想做某件事,就不要把它列在清单上(其中包括你从 2016 年开始就想做的事情,比如制作马尔贝拉之旅的相册)。星期天晚上是列待办任务清单的好时机,然后每天花几分钟时间查看并更新清单。如果 5 分钟后你发现自己还在用不同的颜色做代码和整理,就赶快行动。

付账单

1. 使用电子账单支付功能。这是让事情大幅简化的必要条件。
2. 确定最适合你的付账时间。问问自己:"账单一来我就付吗?我会每周留出一天付账吗?一个月付一次?"
3. 如果你一个月只想处理一次账单,就把你的每个账单到期日都变更为同一个日期——否则,你很可能会支付滞纳金。
4. 每次整理信件时,把账单放在"待处理"的地方。有关打开信件的最佳方式,参阅第 85~87 页。
5. 当你有空时(第 2 步中确定的每日、每周或每月),打开并且立即支付所有的账单。
6. 收好或撕碎账单。

专家:

科琳娜·莫拉汉是 Grid+Glam 的创始人和首席执行官,这是一家总部位于波士顿的全方位服务专业整理公司,它将美学与功能结合在一起。科琳娜的"照片墙"上有让人眼馋的办公桌和餐具柜装饰图片，其职业生涯始于华尔街，她在目前的工作中充分利用了自己在金融领域的工作经验。

讲解：

为了让你的账单支付程序快速而简单，你需要预先投入时间，但这是非常值得的。你需要准备银行账户登录信息、所有常规账单的复印件，以及大约30~45分钟的时间。登录银行账户后，你需要将每张信用卡或公用事业公司添加为"收款人"。系统会反复询问你是否希望将纸质账单改为电子邮件和短信账单。这很诱人（而且环保），但除非你时刻关注电子邮件，否则你还是需要纸质账单。为了让所有的账单到期日同步，你需要调查每家公司的处理方式。有些公司允许网络操作，你可以直接在你的帐户中修改。另一些则需要你通过电话或书面申请进行账单到期日变更。唯一的例外是订阅服务，比如"网飞"公司在你注册当天收费，并且不具有更改日期的灵活性（解决办法是取消订阅，并在你想付费的日期重新注册）。当你去信箱拿回信时，尽量克制打开账单"看一看"的念头——把打开所有账单的压力放在同一个时间和地点。它只需要耗费你几分钟，你可以在手机上操作，而且不需要付款证明或支票。

专业提示： 如果你不想使用直接扣款功能，可以在手机或日历上设置付款提醒。如果你还是由于遗忘而推迟付款，最好打电话告诉他们你是一个非常忠实的客户，并请求他们撤销所有费用和利息。

装洗碗机

1. 把所有茶杯和玻璃杯放在顶部碗架上——把高脚杯放在最合适的地方,不要碰到洗碗机的喷淋臂、门或顶部(有些洗碗机里较深的区域在侧面,有些则在中间)。玻璃杯之间留出一点空间。

2. 把小碗和可用洗碗机清洗的塑料制品也放在顶部碗架上(先把大块的剩菜刮掉)。麦片碗通常放在顶部碗架上(看看使用说明书确认一下),并竖直地放在支撑餐具的尖头之间,但是碗口要朝下并向内,与底部的喷淋臂形成夹角(不要将碗完全面朝下平放)。

3. 把叉子和勺子的把手朝下放置,确保脏的部位与水和洗涤剂接触。(如果将叉子和勺子脏的部位放在刀叉洗涤篮里,篮子会阻碍这些部位的清洗。)

4. 刀具的刀口朝下放置,这样你就不会在取刀时割伤自己(如果你家洗碗机的洗涤篮是开放式的,把勺子、叉子和刀放在一起的时候要防止它们相互交叉)。

5. 把体积大的、有残渣块的盘子装入底部碗架——如果洗碗机中没有其他东西,可以将它们朝下放置,如果周围需要放置其他东西,则将它们朝下方的喷淋臂倾斜(把厨具放进洗碗机之前,看看它们底部的安全指示,明确其是否适用于洗碗机)。

6. 把超大号的器具,比如大浅盘和可用洗碗机清洗的切菜板,放在洗碗机两侧和后面,这样它们就不会挡住水和洗涤剂。

7. 把盘子(放在尖头之间)和小一点的碟子放在底部碗架上,确保每件东西周围都有一点空间。克制塞满洗碗机的冲动。

8. 放入优质洗涤剂，检查漂洗给剂器是否装满（这样可以更快地烘干，而且不留条状痕迹）。
9. 清洗前，打开水槽里的水龙头，直到有热水出来——否则刚开始就是用冷水洗碗，这样的洗碗方式并不理想。

专家：

"消费者报告"是一个维护消费者权益的非营利组织，它通过研究和测试帮助人们做出明智的决定（他们每年会购买和测试大约35台洗碗机，用这些洗碗机清洗近2 000个不同的脏碗碟和器具，看看哪种洗碗机清洗效果最好）。

讲解：

先装顶部碗架意味着你要把比较小的器具从水槽里和橱柜台面上拿起来，这样洗碗机就会有更多的空间来处理更大、更脏的盘子。如果你喜欢先装底部碗架，为了效率最大化可以放满一个碗架后再放下一个。如果你不想让饭菜卡在洗碗机里（和我住在一起的人就是这样），那么最好把盘子里剩下的饭菜刮干净，但是对于如今的洗碗机，预先清洗也真的没有必要（我就是那类把盘子放进洗碗机之前自己先洗一遍的人）。对于盘子上的残渣块，你可以先用肥皂水浸泡。某些洗碗机有带喷射涡轮的特殊清洗区——使用说明书可教你如何装载这些区域，因为洗碗机型号不同，这些区域也不同。记住通常有两个喷淋臂：一个在底部，一个与顶部碗架相连。有些型号的洗碗机甚至有第三个喷淋臂：与内壁顶部相连。一定要把东西放在能清洗干净的地方，同时避免过度拥挤——盘子相互堆叠会阻挡水和洗涤剂的流动，在互相接触的部位留下水渍，也会造成盘子破损。老实说，为了塞进一个碗而重新装整个洗碗机的时间，够你手洗五个碗了。记住，就算把所有东西都装进洗碗机，你也不会拿到什么奖杯。

小贴士：

不应该放在洗碗机里的东西： 大菜刀（洗涤剂会损坏刀的边缘，高温会使金属软化），以及任何用黄铜、青铜、木材和带有金箔的瓷器制成的器具。用铝或不锈钢制成的炒锅和平底锅通常可以放在洗碗机里。但是对于不粘锅，即使说明书表明它适用于洗碗机，你也应该用手洗。适用于洗碗机的塑料制品一定要放在顶部碗架上，这样它们才不会接触可导致其变形的加热元件。

专业提示： 根据需要清洁洗碗机，用湿抹布擦拭洗碗机门和洗碗机内壁之间的密封条，因为食物残渣会聚集在那里。堆积的污垢会产生异味和霉菌，并可能使门无法正常密封。不要在不锈钢门和机器内壁上使用漂白湿巾、刺激性化学物质、百洁布和任何磨砂性的东西。如果你生活在一个有硬水的地方，洗碗机内部很可能会有矿物薄膜并发生褪色现象（这些沉淀物看起来像是盘子上和机器内部的一层浑浊薄膜）。使用含柠檬酸的洗碗机清洁剂，每月清除沉淀物。

清空洗碗机

"问问自己接下来的4~6分钟要做什么。它真的比拿盘子更重要吗?因为这就是清空洗碗机需要花费的时间。"

——雷歇尔·霍夫曼

手边放一条毛巾,如果有东西湿了,就把它擦干收好(不要让它晾干,否则之后你要干更多的活)。

1. 打开洗碗机,拉出底部碗架。
2. 拿出装银餐具的盒子,清空银餐具抽屉。
3. 取出所有的盘子,将它们叠放在厨房台面上,然后放到橱柜里。
4. 用同样的步骤处理小盘子和碗。
5. 底部碗架完全清空后,把它推回去并拉出顶部碗架。
6. 每次从洗碗机里取出两个玻璃杯并收好。
7. 把各种物品——装剩菜的盒子、超大号的盘子——放回原来的地方。
8. 你总是把一个怎么也洗不干净的叉子或杯子放在洗碗机里,希望最终能把它洗干净,是吗?现在把它拿出来,用手洗干净,擦干,然后收好。

专家:

雷歇尔·霍夫曼是清洁专家,也是家政和整理体系指南Unfuck Your

Habitat的创始人，著有《从脏乱不堪到干净整洁：一本让你少些混乱和压力，让家更讨你喜欢的家居指南》。

讲解：

人们会拖延好几天再清空洗碗机。但那 4~6 分钟你会做什么事？除非是医治癌症，否则赶紧把洗碗机里的东西清空。分类处理物品——把盘子和碗分别放在不同的地方，因为我们的大脑喜欢秩序，你如果有一个"归类"系统，最终就会不假思索地做这些事。先清空底部碗架的原因是，顶部碗架里的玻璃杯或倒扣的碗通常会有积水，如果先把顶部碗架拉出来，脏水就会溅到干净的盘子上。这会让人感觉不舒服而且效率低（你也可以购买平底玻璃杯，从源头上防止积水）。

只买计划中的东西

1. 把你准备去商店买的东西列一张清单——哪怕只有三件东西。
2. 在去商店的路上，从自动取款机里取出购买清单上的东西所需的现金（必要时参考第 1 步）。
3. 把你的借记卡和信用卡放在车上的杂物箱里。
4. 直接走到你需要的东西所在的货架过道上（如果你不知道它们在哪儿，也不相信自己能找到，可以咨询客服）。
5. 如果你发现你想买清单以外的东西，问自己四个问题："我需要它吗？我爱它吗？我喜欢它吗？我想要它吗？"如果你真的需要它或爱它，可以买，否则就放回去继续走吧。
6. 想象一下当你老得白发苍苍的时候，你真的希望自己由于过去总购买人造毛皮枕头而今成为一个在经济上陷入困境的人吗？

专家：

蒂法尼·阿利切，被称为"预算教育家"，是理财教育师，也是《一周预算》及《挑战更富有的生活》的作者。2019年，她撰写并协助推出了"预算教育法"，该法规定新泽西州的所有中学必须开展理财教育。她创建了"生活更富有学院"，教女性如何制订、实施和自动运行属于自己的个性化理财自由计划。

讲解：

你需要一个行动方案，否则注定会失败。你能再回到车上拿信用卡吗？能。你也可以这么做。但是，这个额外的动作会让你犹豫是否要买新东西。确认你是否真的想买，也会让你思考是否要买：这是需要，爱，喜欢，还是想要？（蒂法尼戴的手镯上刻着这四个问题。）我们都必须把钱花在必要的方面——食物、住所、药物和交通，但我们通常会忽略爱，因为它需要花费更多的耐心和时间，所以我们会花钱买我们喜欢或想要的东西。你年轻的时候，很难想象年老的自己，所以把年老的自己想象成漫画人物。蒂法尼80岁时叫万达，很时髦，并且总是关心大家的事情。假设你成为爷爷奶奶，你会后悔自己在三四十岁时随性、过度消费而今不得不去工作吗？总之，如果你现在花钱不明智，以后万达会付出代价的。

专业提示：拿一张小的地址标签，写上"需要它，爱它，喜欢它，想要它"，把它贴在激活贴纸原来的位置。当你每次拿出那张卡时，它都会提醒你想想自己的优先选择（如果你不用现金而是用一张专门的卡，就会特别方便）。

小贴士：

制订一个"说是"计划，确定你喜爱并想要努力购买的东西（比如去巴黎的机票）。当你下次对自己不需要的东西说"不"时，你可以这样想——你不是在对外卖晚餐说"不"，而是在对巴黎说"是"。这是一个不错的方法，让你在放弃"喜欢和想要"的东西时不会有太大的失落感；你会感到精神振奋，因为它让你想到你正在为买更大、更好的东西而存钱（这个方法也可以用在朋友身上——"对不起，姐妹们，这个周末我不能和你们吃早午餐，因为我选择了巴黎"）。关于搞清楚什么是爱，蒂法尼的秘诀是：问问自己如果有奥普拉银行账户里那么多钱，你会做什么或者会多做什么。旅行？创业？花时间与家人和朋友在一起？去看戏？这些都是让生活充满乐趣的事情。如果你关注的是"需要"和"爱"而不是"喜欢"和"想要"，你就选择了花钱过有目的、有激情的生活。

列一个食品购物清单

1. 拿出你的日历,看看这一周需要准备什么。(你要做多少次晚饭?需要带午餐吗?周末有什么特别的活动或者是否有朋友来访?)
2. 计划你要做的菜,写下需要的食材。
3. 检查一下冰箱和食品储藏室,看看你缺少哪些食材(鸡蛋、蔬菜、咖啡、松露奶酪),然后把它们添加到清单上。
4. 看看你的库存。看看你储备食物的地方(车库?地下室?那个很难打开的转角柜?)有没有清单上的东西。如果有,把它们从清单上去掉(这种感觉很好)。
5. 浏览清单,试着按照商店的分区方式把清单物品区分开来——如果你认为有帮助,可以重新整理清单。
6. 你可以把循环使用的购物袋拿到你的车上,以免出门的时候忘记拿购物袋,或者你把它们放在后备厢里。

专家:

米歇尔·维格是位于明尼阿波利斯市的家庭整理公司 Neat Little Nest 的创始人和首席整理师。

讲解:

知道你一周需要(或不需要)多少食物是防止过度购物最重要的一

步。这有助于你控制预算，减少浪费——有的食物直到烂掉或过期都没人动过，只能扔掉，这太让人沮丧了。成熟的表现之一就是对即将发生的事情考虑得更周全一些，到时候你就不会慌乱了。如果你在回家的路上可能会买一只烤鸡，而不是亲自下厨，那就不要把"鸡肉"列在清单上（你也不会内疚——我们都会走捷径）。星期六有朋友要来？那现在就去买零食吧。确保你的家人和朋友最爱的食物要么在家里，要么在清单上。如果列清单时把同类食品写在一起，你就能快速通过货架过道了。

专业提示： 一个精心整理过的食品储藏室和冰箱会让购买食品这件事变得更加容易。米歇尔建议将食物"倒入其他容器"——把食物从塑料和纸板包装中取出，储存在玻璃罐或透明塑料容器中。这种储存方式可以让食物更容易保鲜，当然也更令人赏心悦目，还能节省你的时间，从而让你不再灰心丧气。比如，把格兰诺拉燕麦棒放在篮子里，把麦片放在玻璃容器里，你就更容易检查库存，不需要摇动盒子你就可以马上看到剩下多少东西。当你的食品储藏室看起来既美观又井井有条——而不是充斥着现代食品包装带来的文字污染和过度刺激的时候——这个通常令人不愉快的地方会给你带来意想不到的快乐和平静，从而让吃饭和收拾食品这些事多一点乐趣。是的，请这么做吧！

超市购物后装袋

1. 购物的时候，把重物放在购物车前部或底层容易拿的地方（把轻的果蔬产品和容易损坏的物品放在购物车后部或上层，除非有小孩坐在里面）。

2. 把物品放到传送带上时，先放较重的物品，然后放盒装物品，最后放药品、薯条和轻的物品。

3. 使用循环袋子——对环境有好处，对装袋工也有好处，因为它们不容易撕破，而且装得较多。

4. 像盖房子一样装每一个袋子。先把墙砌起来，也就是你的盒装物品（麦片、纸巾、格兰诺拉燕麦棒）。把它们沿着袋子的边缘放好。

5. 把罐头、玻璃罐和其他重的东西整齐地放在袋子的中间，这些是你的"家具"（不要让玻璃相互碰撞）。

6. 把果蔬产品、薯条和其他轻的东西放在重的东西上面——这些"装饰品"在楼上。

7. 把冷冻食品放在一起，这样它们就可以保持低温（而且这样你回家时就知道先打开哪个袋子）。

8. 始终把鸡蛋和面包放在某个袋子里的上一层。

9. 把生肉单独装袋（你可能还要把化学制品或清洁产品单独装袋）。最好用塑料袋装生肉，以防汁水漏出来（你肯定不想弄脏循环袋子或者车）。值得庆幸的是，现在很多杂货店都使用可堆肥塑料袋装生肉。

10. 如果店里有人帮你把东西装袋，就让他们装吧。

专家：

戴韦恩·坎贝尔是一名资深的海威连锁超市员工，在2019年美国食品商协会的比赛中夺冠,成为美国最佳装袋工(除了评判装袋的态度和风格,还要评判装袋的速度、技术和重量分配)。海威是一家由员工持股的公司,在美国中西部八个州经营超过 265 家零售店。

讲解:

简单、高效装袋的关键是把东西按正确的顺序放到传送带上,这可能意味着你要重新考虑购物车里的东西该怎样摆放。如果所有轻的东西都放在购物车上层,它们就会先装入袋子(或堆积在装袋的区域),这不是你想要的。你只要稍微注意一下如何摆放杂货,就可以让装袋工(或你自己)更合理地摆放它们。在袋子的边缘砌"墙",可以让罐装番茄酱、袋装苹果或土豆和其他瓶瓶罐罐保持直立,这样袋子就不会变得臃肿(还可以防止罐头戳破袋子)。在理想的情况下,最好每一袋的重量都差不多,这样拎起来方便,所以注意别装得太多。把薯片留到最后装,它们是最难装的,因为它们不仅会占用很大的空间,而且薯片袋里由于充满空气,周围很难放很多东西。当你用塑料袋"造房子"的时候,你必须更加细致,因为盒子的尖角可能会戳破袋子的侧面。小心装袋,每个袋子里少装点儿东西,让房子小一些——海威超市有句话:"八个最好。"

专业提示: 把所有要放入食品储藏室的物品放在一两个袋子里,这样你回家的时候,只需要把那一两个袋子拿到食品储藏室,就可以一下子把所有的东西都拿出来。

洗一堆衣物

1. 每天挑一堆衣物清洗（比如深色衣物、白色衣物、高档衣物，或者一名家庭成员的衣物）。
2. 解开袜子，把裤子翻面，在污渍处喷上去渍剂（有关如何处理顽固污渍，参阅第 108~109 页），然后全部放进洗衣机。
3. 确保你可以自由移动洗衣机里的衣物（洗衣机不要塞得太满）。
4. 把洗衣液倒入洗衣液槽中，并相应地调整洗衣机的设置（一般来说，深色衣物设置为冷水洗涤，白色衣物设置为温水或热水洗涤，高档衣物设置为轻柔洗或"手洗"）。注意：有时，将洗衣皂粉直接放入滚筒洗衣机里，溶解效果会更好。
5. 如果你觉得自己会忘记洗衣机里洗好的衣物，可以在手机上设置计时器。
6. 洗涤完成后，把所有衣物都拿出来抖一抖，然后放到干衣机里（你想晾干的衣服不要放进去，比如那些很难穿上的新牛仔裤）。
7. 刮掉干衣机通风口上的棉绒，关上机门，然后启动烘干模式。
8. 把烘干的衣物直接拿到叠衣服的地方（通常是卧室），收拾好。

专家：

贝基·拉平竺，被称为"清洁妈妈"，是清洁和家庭整理专家，著有《10 分钟扫除术：风靡世界的快速家务清洁法》和《清洁妈妈健康家庭指南》等。她还拥有"清洁妈妈"系列产品。

讲解：

每天都洗一堆衣物（洗涤、烘干、折叠、收纳）听上去可能很可怕，但每天洗一些比某天要洗一大堆容易点儿——并且意外收获是你永远都有干净的衣物！早上第一件事就是把要洗的衣物扔进洗衣机或者在前一天晚上放进去，然后设置为早上起床前一小时开始洗衣。一天凑不够一堆衣物吗？试试隔一天洗一次。如果你很难凑出一堆白色衣物，那么可以把大多数衣物放在一起用冷水洗（尤其洗孩子们的衣物，贝基建议按照孩子而不是颜色区分——这样孩子们的衣物就不会混在一起，也就不用区分每个孩子的衣物）。同时把衣服的正面翻出来——它应该成为一种专业术语，这会节省你叠放衣物的时间，到目前为止叠放衣物是最麻烦的任务。

小贴士：

你可以自己动手制作更安全的洗涤替代品。 大多数衣物柔软剂和干衣机的干燥剂都含有人工香料和有毒成分（它们会覆盖在衣物纤维上，并且让衣物纤维随着时间的推移变得更难清洁）。相反，试着在洗衣机里放 1/4 杯白醋（把它放在织物柔软剂槽里——我保证你不会闻到沙拉调味汁的味道）并使用羊毛干燥球。羊毛是可生物降解和自然抗菌的——每次往干衣机里扔三个，可以使衣物柔软，减少烘干时间（它们最多可重复使用一千次）。如果你觉得这样会使干净衣物少了本该有的味道，可以在每个干燥球上滴几滴精油。

清洗污渍

1. 在水槽或洗脸盆里，把去渍剂涂在污渍上。
2. 用干净的软毛刷（或手指）将去渍剂轻轻地涂抹在有污渍的区域。
3. 从高处把热水倒在污渍上（这样更有效）。如果是血渍，就使用冷水，把它直接放在水龙头下面冲——水压会帮助去除污渍。丝绸、羊毛或羊绒等织物也只能用冷水洗。
4. 让衣物浸泡在温水中（血渍以及丝绸、羊绒等精致面料要用冷水浸泡，浸泡丝绸的时间不宜超过 30 分钟）。
5. 如果污渍已经变淡，但还没有完全消失，就重复以上步骤直到你满意为止。
6. 像平常一样用洗衣机洗（丝绸、羊毛或羊绒织物，用冷水手洗）。
7. 为了对付顽固污渍，你可以把去渍剂和多功能漂白剂调配在一起，按照第 3—5 步用刷子把配制好的清洗剂涂在有污渍的区域。不要在丝绸、羊毛或羊绒上使用漂白剂。
8. 把衣物放进干衣机之前，一定要把所有的污渍都去掉。丝绸、羊毛和羊绒织物需要自然风干。
9. 不要熨烫有污渍的衣物。

专家：

格温·怀廷和林赛·博伊德是全球高端品牌 The Laundress 的联合创始人，该品牌拥有环保的洗涤剂、织物护理剂和家庭清洁产品，品牌目标是通过有效的产品与可靠而全面的清洗知识，让做家务变成一种奢侈的体验。

讲解：

为了达到最佳的去污效果，你需要根据特定的面料和污渍确定合适的清洗产品、水温和洗衣方式。你需要一种能够分解顽固污渍（如红酒、酱汁、巧克力、草、咖啡、茶和斑点污渍）的去渍剂。用水冲洗污渍然后浸泡是关键步骤，但要根据污渍和面料进行调整（比如血渍需要冷水，因为热水会导致血渍凝固）。

小贴士：

对于**油性污渍**，你可以用去渍皂（The Laundress 品牌为此制造了一款去渍专用皂）。你也可以试试"清洁妈妈"贝基·拉平竺的方法：用一支白色粉笔擦油渍，使其吸收油污（对黄油、沙拉酱、食用油等应该都有效）。像平常一样清洗，衣服就会洗得干干净净！

保持毛巾清新、柔软、气味好

1. 存放毛巾的最佳方法是确保毛巾不会发臭的方法（如果我 12 岁的儿子在读这句话，"把毛巾在卧室地板上滚成一个球"不是最佳方法）。把它们存放在既洁净又干燥的地方。

2. 把淋浴毛巾挂起来，这样在你下次使用时它们就能完全变干燥（如果你的浴室特别潮湿而且没有风扇，可以把毛巾挂在卧室里直到它们变干）。
3. 不要连续使用未清洗的浴巾超过两次。
4. 不要把湿毛巾扔进洗衣筐或洗衣篮里——先把它们晾干，然后再把它们和脏衣服放在一起。
5. 经常更换擦手巾（最好每天换）。
6. 不要把毛巾（或任何衣物）放在洗衣机里长达几个小时或更长时间。湿毛巾和封闭的空间是滋生细菌和散发异味的温床。
7. 不要把洗衣机或干衣机塞得太满，洗衣机里要有足够的水流来清洁毛巾，干衣机里要有足够的气流来烘干毛巾（以及其他衣物）。
8. 如果你有特别臭的毛巾，把它们放进洗衣机，用半杯小苏打（把它直接放在滚筒里而不是洗衣液槽里）和温水洗一遍，然后用常规洗衣液再洗一遍。
9. 别再使用衣物柔顺剂——它会覆盖在纤维上，让毛巾无法变得干净、蓬松（更不用说它含有大量的有害化学物质，你可不想让这些有害化学物质出现在家里）。有关如何制作洗涤替代品，参阅第107页。
10. 从干衣机里拿出毛巾后立刻叠好。
11. 定期清洗洗衣机（阅读说明书以便了解最佳方法）。

专家：

贝基·拉平竺，又名"清洁妈妈"，是清洁专家和家庭整理专家，著有《10分钟扫除术：风靡世界的快速家务清洁法》和《清洁妈妈健康家庭指南》等。她还拥有"清洁妈妈"系列产品。

讲解：

毛巾会吸收水分（毕竟这是它们的用途），如果毛巾没有挂起来，水分会在毛巾上停留太久，使毛巾成为滋生细菌的温床，然后发臭（而且难以去除臭味）。把洗衣篮、洗衣机、干衣机塞得太满是个问题，考虑给你的毛巾留出呼吸的空间。从干衣机里一拿出毛巾，就叠起来（再把它们收起来会更好），防止它们起皱和变硬。

小贴士：

简化洗涤过程的一个简单方法： 把所有毛巾全部换成纯白色（床单也可以换成纯白的）。为什么？你可以一次清洗所有毛巾，并且可以在需要的时候用热水洗或者消毒，它不会褪色。你也可以用漂白剂清洗它们，以去除污渍。白色毛巾也能让你的浴室看上去像水疗中心一样——几乎可以与任何颜色或装饰搭配。

专业提示： 有一件臭气熏天而且气味怎么也去除不掉的T恤？把它放在拉链袋里，然后在冰箱里放置一夜——这样可以杀死细菌，细菌是布料散发异味的原因。

折叠床笠

1. 把床笠放在一个平面上，让有松紧带的边角朝上。
2. 尽量把所有边角和松紧带铺整齐并抚平。
3. 将床笠上下对折，把边角部分压在下面并且铺均匀。把它抚平，这样对折的部分就能上下对齐，下面就不会有褶皱。
4. 把上方的边角塞进下方的边角里。
5. 再次上下对折，使四个角堆叠起来。
6. 用手抚平。
7. 将上方的一组角再次放入下方的角里。
8. 左右对折，然后再对折（你想折多少次都行）。

专家：

阿里尔·凯是现代家居品牌Parachute的创始人和首席执行官，也是《如何把房子变成家：创造目的明确的个人空间》的作者。她最早创立Parachute品牌时，只在网上销售各种床上用品（Parachute这个名字来自抖动床单时布料随风鼓起的样子）。之后Parachute品牌在美国开设实体店，经营范围扩大至浴室、家具、台面及婴儿用品系列。

讲解：

折叠床笠真的很费力，但不一定要这么费力！虽然床笠很难叠好，但你只要一步一步地来，就可以节省时间和精力（也会节省家庭织物的存放空间）。把每一层都抚平是避免床笠太过蓬松的关键。一个稍微有点幼稚的秘诀（我写这本书之前用的就是这种方法）是：只买一套床笠，这样你在洗完当天再放回原处，就永远不用叠床笠！

熨烫衬衫

1. 阅读衣服的标签，看看使用哪种熨烫方式，并相应地调整熨斗的设置。
2. 把衣领翻平，先熨烫里面，然后翻过来熨烫外面，从领角向衣领中间熨烫（熨完衬衫其余部分之前都不要翻折衣领）。
3. 横着熨烫每个袖口（确保解开了纽扣），熨斗的尖端朝向袖管，先熨烫里面，然后翻过来以同样的方式熨烫外面。
4. 把一只袖子放在熨衣板上，背面朝上，把袖子前片和后片铺平（在放熨斗之前，仔细检查是否有任何褶皱）。长距离推熨斗，熨烫袖子顶部那一条直折痕。翻面并熨烫袖子的前片，然后换另一只袖子按同样的步骤熨烫。
5. 把开口的袖子放在熨衣板的顶端，熨平肩膀部位。
6. 把敞开的衬衫正面朝下，把熨斗放到抵肩上（抵肩是什么？它是沿着背部缝制的双层条状布料，连接衣领和衣身）。用熨斗从两边袖子肩部向中背部摆动熨烫,然后在抵肩下方从上到下熨烫背部。
7. 从没纽扣的一侧开始熨烫正面。从有扣眼的长条部位(有趣的事实是,它被称为门襟)向外长距离推熨斗,从衣领向下熨烫。如果有口袋,就从下往上按压熨斗。
8. 熨烫正面有纽扣的一侧,在纽扣周围按压熨斗。
9. 把衬衫挂起来,这样你就不用重新熨烫一遍了。

专家:

格温·怀廷和林赛·博伊德是 The Laundress 的联合创始人,这是一个面向全球销售环保型洗衣液和织物护理剂的品牌。

讲解:

一定要先看衣服的标签,如果标签上面写着"只可干洗"(90%只可干洗的衣物都可以在家里洗涤和熨烫),你也不要被吓到。熨烫棉织品和亚麻面料都是没问题的,如果你的衬衫是合成面料,先在一小块布料上测试一下(千万不要熨烫羊毛、天鹅绒或灯芯绒面料的衣服——熨烫会让天然绒毛变形)。衣领必须先熨烫,如果把它留到最后处理,整件衬衫都会起皱,你就只能返工了。熨烫袖子时,举起一只袖子,并沿着前后片的接缝拉紧,这样从肩部到袖口就会出现一条挺括、笔直的折痕,然后放在熨衣板上,这样做可以防止压出不需要的折痕。最后熨烫袖子和衣身的正面,这样展现最佳状态的部分就不容易出差错（例如，你在镜子中看到的部分以及人们和你面对面时看到的部分）。

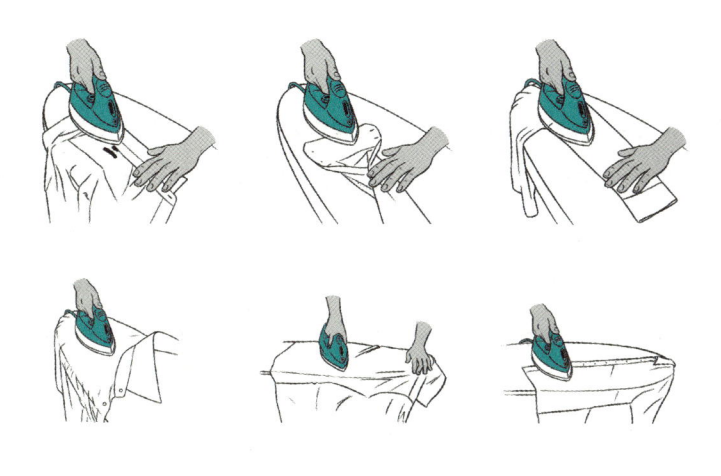

装被套

1. 将被芯平放在床上。
2. 将被套翻面。
3. 抓住被套的两个上角。
4. 双手放在被套的两个角里，抓住被芯的两个上角。
5. 把绳子系在你拿着的被芯的角上，以便将被芯和被套扎牢。
6. 把被套正面翻出来，边翻边包住被芯。
7. 摇晃抖动，使被套完全覆盖被芯。
8. 扎牢最后两个角的绳子。
9. 扣上扣子。

10. 再抖一抖，然后在床上铺平。

专家：

阿里尔·凯是现代家居品牌Parachute的创始人和首席执行官，也是《如何把房子变成家：创造目的明确的个人空间》的作者。她最早创立Parachute品牌时，只在网上销售各种床上用品（Parachute这个名字来自抖动床单时布料随风鼓起的样子）。之后Parachute品牌在美国开设实体店，经营范围扩大至浴室、家具、台面及婴儿用品系列。

讲解：

和折叠床笠几乎一样费劲的就是装被套，但这很重要。你知道吗？40%的美国人不使用盖在身上的床单，而是睡在床笠和有被套的厚被子之间。欧洲大部分地区也是如此。盖在身上的床单是个人选择——但只有你想要的时候才会考虑买（Parachute品牌单独出售这种床单）。有些人觉得睡觉不盖这种床单更自然，约束感更小，而且被套和床笠可以扔到洗衣机里一起洗。是的，这使得定期清洗被套变得更重要，因为皮肤分泌的油脂接触了被套。哦，有关怎么铺床，参阅第 4~7 页！

第 7 章

打扫卫生

花 10 分钟甚至更少的时间清理房间

1. 拿些纸巾或抹布和清洁喷雾到你要打扫的房间里。
2. 把计时器设为 10 分钟。
3. 寻找那些有可能发臭的东西——脏盘子、垃圾、脏衣服——并把它们拿到真正属于它们的地方。
4. 检查房间里的台面,要么把放在上面的东西收好,要么把这些东西堆叠起来。
5. 用纸巾或抹布擦拭露出来的台面。
6. 离开房间一会儿,然后再回来看看什么引起了你的注意(以不好的方式),然后解决这个问题。

专家：

雷歇尔·霍夫曼是家政和整理体系指南 Unfuck Your Habitat 的创始人，著有《让家居不再糟糕：你能更好地整理脏乱的家》《从脏乱不堪到干净整洁：一本让你少些混乱和压力，让家更讨你喜欢的家居指南》。

讲解：

设置计时器可以避免你被艰巨的任务压垮，将打扫卫生重新定义为一件在很短的时间内就能完成的事情（你不必等到有参加马拉松比赛的时间才干活）。不管你正在清理哪个房间，一定要先处理那些会发臭的东西，然后处理台面——桌面、梳妆台面、橱柜台面。把台面上堆积的东西整理好，整个房间马上就整洁了。离开一会儿再进房间，有助于你发现让你不舒服的地方，这样你就可以解决那些问题——它们往往是影响房间整洁的首要因素。即使只有10分钟，你也能看到房间的明显变化，这会让你更愿意保持整洁（要是有时间，你也愿意再花10分钟）。

小贴士：

当你进门时有一句咒语："不要把它放下，把它收起来。"比如你的鞋子，你把它们放到鞋柜里的时间会比踢到地板上的时间长多久？不到30秒。但一周后，当门口有七双鞋子需要处理时，收鞋子就变成了更大的任务(并且是你有可能避免的任务)。当每样东西都有地方放置时,"把它收起来"会更容易,所以要利用架子、篮子、衣架和挂钩等工具为所有物品安排收纳的地方(有小孩?把挂钩放在他们够得着的地方,教他们挂自己的东西)。

清洁地板

"勤打扫就能少打扫。"

——唐娜·斯莫林·库珀

1. 把地板上的东西(鞋子、玩具、书等)捡起来。
2. 把小地毯卷起来。小地毯上面和下面都有尘土——把它拿到外面抖掉尘土。
3. 用吸尘器清理地板上的碎屑,或者用扫帚把所有的碎屑扫到一起,然后用吸尘器吸走。
4. 你把吸尘器拿出来后,用其自带的刷子擦掉窗台、灯罩和踢脚板上的灰尘。
5. 拖硬木地板时只用清水。
6. 从每个房间里离门最远的地方开始往门口拖,一直拖到门外。地板湿的时候,你不要在上面走动,否则会看到脚印,尤其当赤脚走路的时候。
7. 打扫完毕后,把你的清洁工具清洗一下(从扫帚上取下头发和棉绒,清空吸尘器的集尘盒,剪掉滚筒刷上的长头发或线)。

专家：

唐娜·斯莫林·库珀是有资质的房屋清洁技术员、整理专家，也是《简单清理》的作者。

讲解：

在拖地之前，你要尽可能清除碎屑，否则你只是在地板上推尘土。而且在拖硬木地板时，你只需要水。很简便，对吧？这对环境也有好处。制造商推荐用水拖地，如果你使用其他东西，你的保修权可能会失效。（找到需要额外清洁的区域。）买一个拖把和两个超细纤维拖把头，这样你就随时有干净的拖把头，并且只用喷上水就可以使用了。

小贴士：

吸尘前一定要擦灰尘，因为有地心引力，这也是你应该自上而下擦灰尘的原因。你需要一块超细纤维抹布和水——把水放在喷壶里，这样你就随时有准备，也不会在水龙头下把抹布全部浸湿（湿抹布的擦拭效果不好）。记住你是在收集灰尘，而不是拂去灰尘。慢慢来，小心点儿。别忘了最容易被遗忘的地方——吊扇的叶片会变得非常脏，尤其是厨房里。踢脚板也会沾满污垢，一旦发生这种情况，仅仅擦灰尘已经无法把它清理干净了。把清理这些区域纳入你的日常清洁事务中，防止它成为一项更困难的事情。

关于固定的清洁顺序：

你应该有固定的清洁顺序！你的清洁顺序越固定，清洁就会变得越容易、越高效。最好每次按同样的顺序清洁——不管你用什么方法，但是每次都要用同样的方法——这样你的整个清洁过程就会烂熟于心，也变得更有效率。另外，如果你每天都快速打扫一遍地板，你的地板会更干净。正如唐娜所说："说到清洁，跟上比赶上要容易得多。"

关于超细纤维：

超细纤维抹布是由非常小（因此得名）的合成纤维制成的，这些纤维可以吸附污垢、灰尘甚至细菌。它们具有超强的吸水性和快速干燥性，而且只用一点儿水就可以用来清洁任何表面。清洗超细纤维抹布时要用热水（不和其他抹布或毛巾一起清洗），用少量洗涤剂，不要使用织物柔顺剂，然后低温烘干或晾干。它们可以洗五十次（如果清洗方式不正确，纤维丝就会堵塞，从而影响擦拭效果）。

专业提示： 用吸尘器清扫地毯时，向前推吸尘器的过程被称为定位过程（主要是将吸尘器推到正确的位置），向后拉才是吸尘过程。实际是向后拉的动作吸走了尘土，所以这个动作要慢一些。

饭后打扫厨房

"睡觉前'把水槽清零'。这是复位工作。如果你把东西浸泡到明天，你的工作就复杂了。帮未来的你一个忙，让自己准备好迎接更美好的早晨。"

——雷歇尔·霍夫曼

1. 清理出一个台面放脏盘子（如果你一边做饭一边清理——你应该试着这样做——这一步可能已经完成了）。

2. 把炒锅、平底锅和体积大的东西放在一个容易拿到但不碍事的地方（煤气灶上是个好地方）。如果有需要浸泡的东西，把它们浸泡在温热的肥皂水里，放在煤气灶上，然后进行后面几步工作。

3. 把剩下的饭菜收拾好（参阅第 161~163 页），把从冰箱或食品储藏室里拿出来的其他东西收起来（必要时，用湿布或湿纸巾把它们擦拭干净）。

4. 清空水槽，把东西放进洗碗机或手洗后晾干。

5. 如果你是一个需要把全部工作摆在面前的人，那就把所有东西从桌子上拿起来，放在干净的台面上。如果你是一个容易感到不知所措的人，或者如果工作看起来太艰巨你就不太可能完成，那就分阶段清理——先清洗所有银器，然后是盘子，接着是杯子；也可以一次清洗一套餐具，清洗完后再到餐桌上拿别的餐具。

6. 刮掉并冲洗餐具上的残渣，然后把所有东西恰当地装进洗碗机。有关装洗碗机的最佳方法，参阅第 95~97 页。

7. 在水槽中清洗炒锅和较大的平底锅，一次洗一个。

8. 把所有的台面和餐桌都擦干净。

9. 清理被污渍溅到的电器，擦拭冰箱把手，清扫地板并捡起可能从桌子上掉下去的鸡块。

专家：

雷歇尔·霍夫曼是一位清洁专家，也是家政和整理体系指南Unfuck Your Habitat的创始人，著有《从脏乱不堪到干净整洁：一本让你少些混乱和压力，让家更讨你喜欢的家居指南》。

讲解：

谈到清洁，你就要留出操作的空间，所以清理出一个台面很关键——另外，看到那个台面会激励你继续做下去（变得更清洁）。不要把脏盘子和平底锅放到水槽里，因为这会使水槽无法使用——当炒锅和平底锅在水槽里晃荡时，冲洗盘子变得很困难且令人沮丧。如何清理桌面取决于个人喜好。要小心别把盛放食物的盘子叠在一起：一个盘子里的土豆会被另一个盘子的底部压碎，这样你的工作量就增加了。关于浸泡盘子——这是一种拖延的形式。当然，盘子可能需要浸泡，但你知道你会把它们留在水槽里，不是吗？为了避免这种情况，一开始就不要把它们放在那里（法律没有规定你必须把东西浸泡在水槽里）。在一天结束的时候，你可能想让所有东西回归清洁的状态，不要让未来的你为现在的懒惰付出代价。所以，在你想关上厨房门之前，把锅擦干并收好。如果洗碗机已经运行完毕，并且你在关机前清空了它，那就好上加好了。有关<u>该怎么清空洗碗机，参阅第98~99页</u>。

关于打扫和孩子：

孩子们总是在听你讲话，所以你要确保家务活显得不令人厌烦——如果你在打扫厨房，不要抱怨它有多糟糕。你不必每次往洗碗机里放东西的时候都开心得像要举行舞会一样，但是想想如果你总是抱怨这些事情，这会给孩子传达什么样的信息。在做家务方面，你应该成为一个有良好态度的榜样。这不是超级有趣的事，但这就是我们要做的事，就像刷牙一样是我们日常生活的一部分。如果你把打扫卫生或做家务作为惩罚手段，孩子今后会对打扫卫生产生创伤后厌恶感，要三思而后行！

清洗淋浴间和（或）浴缸

1. 把淋浴间里的东西都拿出来：瓶子、肥皂、海绵。
2. 把浴帘拉到不碍事的地方——把它翻到淋浴杆上，或者全部取下。
3. 把清洁剂喷在淋浴间的每面墙上，但先不要喷浴缸或地板。
4. 等待 5 分钟，让产品起效。
5. 用双面海绵的擦拭面分区域擦淋浴间的墙——从墙壁顶部开始以 S 形路径向下擦，直到所有墙壁都变得清洁。不要冲洗。
6. 按照第 3—5 步擦浴缸（注意！如果你的浴缸是亚克力材质的，你只能用海绵的软面——擦拭面会破坏漆面）。如果你需要踏进浴缸才能碰到墙壁上的瓷砖，那就先擦瓷砖，后擦浴缸。如果你不需要走进浴缸就能碰到瓷砖，可以同时擦浴缸和瓷砖。
7. 把水温调高，并用可移动的淋浴喷头按照擦墙时的S形路径冲洗墙壁。如果没有可移动的喷头，可以把水装在罐子里冲洗墙壁。
8. 用超细纤维抹布（如果手边有橡胶刮水刷也可以用）擦拭墙壁，直到淋浴间变得既干燥又亮堂。用同样的方式冲洗浴缸。别忘了擦亮五金配件！

专家：

梅利莎·马克尔是"优兔"CleanMySpace的博主（她拥有130多万订阅用户），也是加拿大一个家政服务公司CleanMySpace的创始人，著有《清洁我的空间：清洁得更好更快的秘密——每天爱家》。

讲解：

当谈到清洗淋浴间的墙壁，你真的必须坚持S形路径，避免画圈式地擦拭——完全浪费时间。关键是去除肥皂渣，这就是需要使用一个好产品的原因，给产品"停留时间"起效也很重要。让它停留得越久——它越能溶解肥皂渣，你的工作就越容易。别担心淋浴间里比人还高的地方，因为上面不会有肥皂渣。如果淋浴间里有玻璃墙，在喷壶里装高浓度的醋，然后把它作为清洁剂直接喷在墙上。到清洗浴缸的时候，卷起毛巾跪在上面，别忘了清洗浴缸里你倚靠的内壁——这里常常被遗忘。

小贴士：

按照梅利莎的S形路径清洗所有平面。 从指定区域的左上角开始，持续用力按住抹布，向右上角移动，然后向下移动并返回左侧，以曲线擦到底部。这是最有效的清洁方法之一，应该取代我们大多数人使用的画圈清洁法（假设你画圈式地清洁，你会把脏东西从未清洁的区域带到你刚刚清洁的区域）。

专业提示： 大多数人如果不正确使用清洁产品，就不知道它有多强大——我们很多人用得不对，所以会质疑它的功效。清洁产品需要很大的用量，也需要起效的时间，大约3~5分钟可以穿透物体表面的灰尘和污垢。

3分钟清洁马桶

"不要害怕这样的工作，它会让你保持谦卑，提醒你珍惜洁净的空间。"

——梅利莎·马克尔

1. 用多功能清洁剂从上到下把整个马桶喷一遍（马桶底部和地面也要喷，如果家里有男性你更要这么做——你明白自己所做的事）。
2. 把清洁剂喷在马桶座上，让它浸泡马桶座几分钟。
3. 用纸巾以S形路径依次擦拭水箱盖、冲水器和水箱，然后扔掉纸巾。

4. 把水箱盖顶部擦干净,然后翻过来清洁盖子底部。
5. 把这张纸巾揉皱,用纸巾上出现的一些硬边擦拭金属铰链周围的区域,然后扔掉纸巾。
6. 用一张新纸巾擦拭马桶圈的顶部、底部,让马桶圈竖立着并把纸巾扔掉。
7. 用一张新纸巾擦拭马桶边沿顶部的区域,然后一直向下清洁马桶座的外部、马桶底部和马桶周围的地面。
8. 用马桶刷擦洗马桶边沿内侧的下方(不要用力太猛,否则水会溅出来),慢慢擦。然后,绕着马桶座的内侧旋转刷子,从顶部一直刷到斜槽。把刷子往斜槽里按压几次。
9. 用清水冲洗刷子。
10. 把刷子放在马桶座边缘上,把马桶圈放下来,压住刷子的手柄,刷头朝向马桶座内侧,悬在水面上方。让它在那里滴干。

专家:

梅利莎·马克尔是"优兔"频道 Clean MySpace 的博主(她拥有 130 多万订阅用户),也是加拿大一个家政服务公司 CleanMySpace 的创始人,著有《清洁我的空间:清洁得更好更快的秘密——每天爱家》。

讲解:

记住要多喷些清洁剂,这样它才能更好地发挥作用。你会注意到,马桶座清洁剂有一个弯头喷嘴——这样清洁剂就很容易喷在马桶边沿内侧下方（慢慢地在马桶座的边沿内侧滑动喷嘴，稳定、均匀地挤出清洁剂）。

清洁马桶时，纸巾比抹布要好（你可能也想戴上橡胶手套，你自己决定）。从上到下擦洗，当纸巾湿透了就换一张（通常擦一个马桶需要四张纸巾）。把它们扔进浴室垃圾桶，等你清洗完马桶后把垃圾桶清空。最后一步是关键，这样你就不用处理滴着水的马桶刷或把湿漉漉的马桶刷收起来，否则会让人感觉很恶心。你可以偶尔清洗刷子，把它泡在装有热水和一勺含氧漂白粉的桶里。把它泡30分钟后冲洗干净，并放在桶上滴干。

第 8 章

做事得心应手

挂照片

1. 查看你的相框背面是否带有五金配件（大多数都有，或者至少有如何装配的说明）。
2. 如果没有五金配件，从五金店购买挂图金属线，并把它安装在相框背面。
3. 测量相框的高度和宽度（用卷尺），然后按这些尺寸把美纹纸胶带贴在你想要挂照片的地方。
4. 后退几步，来回走几次，确定你对打算挂照片的地方满意。对于大多数人来说，艺术品的放置高度应该和视线持平（很多人把它挂得太高）。
5. 你如果想把照片挂在一张标准的沙发上方，应该让艺术品高出最高的垫子约 15~20 厘米。一定要让艺术品像是周围家具或物品的一部分，而不是单独悬浮在它们上面。

6. 根据艺术品的重量来决定其悬挂方式。较小的物品可以直接挂在钉子上；重量不超过 16 千克的中型物品使用相框挂钩——它们是 V 形小工具，你可以在五金店买到；重量超过 16 千克的物品都需要固定（最好由专业人员悬挂）。
7. 用卷尺测量从相框顶部往下多长距离固定挂钩。
8. 测量第 7 步中从美纹纸胶带顶端到固定点的距离后，在墙上标记那个点。
9. 用钉子把你选择的五金配件固定在墙上。
10. 把你的照片挂起来。
11. 如果你有水平仪，用它来确保照片挂正。否则，后退一大步，通过目测把它尽可能挂正。
12. 给相框的内侧底角涂上防震胶泥，以确保它们保持在原位（你可以在五金店里买到）。
13. 你一旦掌握了这个技能，不要告诉你的朋友们——他们每次有东西要挂都会给你打电话！

专家：

杰思敏·罗思是 HGTV《隐藏潜能》节目的主持人，也是 HGTV《震撼社区》的赢家。在《隐藏潜能》节目中，她把建筑商的基本房屋改造成定制的梦幻家园。她还创建并经营 Build Custom Homes 公司，负责管理加利福尼亚州亨廷顿海滩新建住宅项目的设计。

讲解：

俗话说"磨刀不误砍柴工"，你准备得越充分，事情就越容易做。花点儿时间，测量一下，仔细考虑一下挂照片的位置，然后开始在墙上打洞（如果你搞砸了也没关系。有关怎样修补墙上的洞，参阅第132~133页）。第3步是关键，因为它勾勒出你想要挂照片的地方。如果你没有卷尺——尽管杰思敏认为每个家庭都应该有一个卷尺，我也赞同——可以用细绳或鞋带来测量。使用挂图金属线是一个很不错的秘诀，因为照片挂起来后你仍然可以调整和矫直（你不必担心是否完全挂正），更棒的是防震胶泥（杰思敏搬到加利福尼亚州时发现了它，并说这改变了她的生活）。如果相框挂得不是很正，防震胶泥会让相框保持在适当的位置——每次关门的时候（或有地震）相框不会移动并变得高低不平。当你在组合多个相框的时候，它特别有用，因为相框如果挂歪了，就会显得凌乱。

关于照片组合：

当谈到组合照片，一般来说，照片越大越好，墙壁艺术也是如此。你的相框越小，房子就显得越乱。这并不是说你不能在某个地方挂一张小照片，而是组合七个大相框比组合十五个小相框好。把照片组合在一起时，相框数量最好是奇数。并且一定要用美纹纸胶带，看看你希望把哪些东西挂在哪里，在哪里挂哪些东西最好。

小贴士：

杰思敏的艺术法则： 每个房间甚至浴室，都应该展示一些镶框的个人照片。它们不必是专业照片。把自拍照、随拍照或一张你的狗伸舌头的照片——任何能让你开心的照片——装进相框。那些让你感叹"天哪，还记得我们拍这张照片时发生了什么吗"的照片往往比摆好姿势拍摄的专业照片蕴含更多的故事。

专业提示： 如果你想放大一张黑白照片并镶框，但又不想为此付出太多金钱，你可以把它打印在普通纸而不是相纸上。当你把它放进相框时，它看起来会很棒，并且你只需花费大约1美元！

修补墙上的小洞

1. 准备一小盒抹墙粉、一把抹墙刀和一个磨砂块（五金店有现成的）。
2. 在抹墙刀上放一些抹墙粉，就像你在烤面包片上涂黄油一样，来回地推开抹墙粉，把它填满小洞。
3. 确保小洞完全填满，并用抹墙刀（以大约45度斜角）刮掉多余的抹墙粉。
4. 让抹墙粉完全变干——这个时间取决于抹墙粉的湿度和洞的大小，可能需要12个小时。阅读抹墙粉包装盒上的说明，因为每种抹墙粉的成分不同。
5. 用磨砂块轻轻地在涂过抹墙粉的区域周围打磨，磨平凸起的部分（墙壁摸上去应该是光滑的）。

6. 用一块微湿的抹布把墙擦干净，除去残留的灰尘。
7. 必要时，重复这些步骤（用手指摸一下修补的地方，如果你感觉抹墙粉已经凹进去了，就需要再涂一点儿）。

专家：

杰思敏·罗思是HGTV《隐藏潜能》节目的主持人，也是HGTV《震撼社区》的赢家。在《隐藏潜能》节目中，她把建筑商的基本房屋改造成定制的梦幻家园。她还创建并经营Build Custom Homes公司，负责管理加利福尼亚州亨廷顿海滩新建住宅项目的设计。

讲解：

在墙上补一个钉子洞，可以让挂照片的想法更有可行性——如果你搞砸了，一下子就可以修补好！更大的洞——比如感恩节期间，我姐夫扑接乒乓球时，他的屁股在我家地下室墙上撞出的洞——最好由专业人士（就我而言，是我爸爸）处理会更好。油漆工可以修补墙上的洞，所以你不需要单独雇一个杂务工。对于钉子留下的小洞，自己很容易修补。不要用太多抹墙粉（你把它填在洞里，而不是涂满墙壁），在涂抹之前一定要把墙上的灰尘擦干净。如果处理得当，小洞和你的修补痕迹就会消失。

专业提示： 如果你没有抹墙粉，并且情况紧急，那么秘诀就是使用一些白色牙膏。用指尖取一点儿牙膏，把它推进洞里，抹平，待其变干。如果墙壁不是白色的，再用手指取一点儿墙漆，然后让它覆盖干透的牙膏，就像涂遮瑕膏一样。

买一株室内植物并养活它

"是否擅长园艺并非天生；说自己擅长园艺的人是决定投入这项工作的人。每个人都可以成为擅长园艺的人。"

——希尔顿·卡特

1. 注意你家的光线如何——它来自哪里，哪个房间的光线最充足，你家窗户有多大，以及你家窗户朝哪个方向（如果你必须使用指南针应用程序来完成这一步，我不予评价）。
2. 想想你是什么类型的人。你是否有时间、决心、兴趣去深入研究并充分了解养护某种植物需要做些什么？请实事求是。
3. 在便笺纸上写下一些关于你家的情况——"我住在纽约的一栋公寓里，窗户朝西，但面向另一栋楼"或者"我的房子有朝南的大窗户，但窗户外面是大树"。
4. 带着你的便笺纸去苗圃，给苗圃园艺师提供所有信息，问问他们哪种植物最适合你家。另外，如果你养宠物，要注意一些植物对我们那些毛茸茸的朋友是有毒的。
5. 你在离开之前，问问他们养护这株植物的最佳方法（例如，多久浇一次水，浇多少，需要多少光），并认真倾听，最好把这些写下来。
6. 回家后，不要马上给植物换盆。把植物放在你准备养它的地方，让它适应一下你家的环境。你可能会看到一些叶子脱落——底部一些比较成熟的叶子变成黄色或棕色并脱落，是正常的，所以你不要惊慌。等你看到植物的根从排水孔里长出来之后，再给它换盆。

7. 检查一下植物是否需要水。大多数植物只有在盆土最上面约 5 厘米深的泥土变干的时候才需要浇水，所以你用手指探测一下——把食指伸进泥土里约 5 厘米，如果泥土是干的，就浇水。

8. 浇水的时候，要慢一点儿，小心一点儿，不要在走路经过它的时候把喝剩的半杯水直接倒进去——哎呀！将接近室温的水（冷水会刺激植物的根）小心地倒进盆土，让水慢慢渗透，直到其从排水孔中缓缓流出。

9. 让水在托盘中静置 15~20 分钟，然后倒掉。如果是一棵无法轻易移动的大型植物，用毛巾或玻璃吸管吸干托盘里的水，一定不能让水留在那里（会导致烂根，这没有好处）。

10. 每三个星期用湿布擦一次叶子（去除表面的灰尘和害虫，植物组织可以更好地接触阳光）。

专家：

希尔顿·卡特是 Apartment Therapy 设计平台的"植物医生"，也是《家庭绿植：如何设计和护理美丽的植物》和《室内绿植：美丽空间中的美丽植物》的作者。他位于巴尔的摩的公寓里有 200 多株植物。

讲解：

你不能只是因为"我有一个空角落需要一些绿色植物"，或在"照片墙"上看到了一种植物——"我看到你了，琴叶榕"，就准备养它。你必须有一些自我意识和空间意识。有些植物只需要过滤光，有些则需要阳光直射。你不能搞混了。让植物适应环境这一步很重要，因为植物在新环境中得到的阳光、照料和爱都没有从苗圃里的专业人士那里得到的多（无意冒犯）。浇水时一定要特别当心。导致植物死亡的最大原因之一就是以浇水过多为特点的全程监控式养育法。一般来说，出现黄叶是由于浇水过多，出现棕色的叶尖是由于浇水不足。当天气变冷时，注意窗户附近的气流，如果感觉太冷，就把植物搬离窗户。

小贴士：

给植物取个名字。傻吗？也许吧。但这是你作为植物的主人准备好照料它们的好方法。把一株被忽视的红色菊花扔掉似乎没什么问题，但是扔掉"鲍勃"呢？和你的植物说话："你好吗，鲍勃，你今天渴吗？"花时间陪陪它们。当你怀孕或者养宠物的时候，你会买育儿书或者上课、做研究、做准备，这样你的宝贝就能过上最好的生活。植物也是一样——它们是生物，而不仅仅是装饰品。

关于兰花：
当兰花凋谢的时候，人们认为是自己杀死了兰花。死的不是兰花，而是它的花朵！别把兰花扔了——你只要稍微用心照料，它就能再次开花。

小贴士：

准备好换盆了吗？以下是希尔顿的小窍门。
1. 找一个直径比旧花盆约大 5 厘米的新花盆。
2. 把新鲜的混合盆土加到新花盆的三分之一处。
3. 把旧花盆放在新花盆上方，轻轻地把植物从旧花盆中拿出来，让松土落入新花盆中（如果你的植物还在一个脆弱的塑料育苗盆里，先轻轻挤压花盆，使土壤松软）。
4. 用手轻轻地将植物的根和土壤分离，再把植物放进新的花盆里。
5. 在盆土的上面加些新鲜的土壤，轻轻拍按一下，让盆土和盆口之间空出大约 2.5 厘米的距离，这样浇水的时候，盆土就不会溢出来了（一定要为你的特定植物准备合适的混合盆土，特别是多肉植物，你可以买到一种适合它们的特殊土壤）。然后只在植物需要的时候浇水！

养护你的草坪

"草坪是你的资产中唯一有生命的部分，所以你必须以不同的方式对待它，而不是像对待其他家务那样。"

——阿林·哈恩

1. 经常修剪草坪——至少每周一次，雨季可以一周两次。每次修剪草坪时，剪掉的草叶长度不要超过三分之一。
2. 确保你的割草机刀刃锋利，这样切口才会整齐（如果草尖被切碎，疾病会由此进入植物体内——就像人的伤口一样）。
3. 把剪下来的碎草留在草坪上。如果你有一台优质割草机，并且你经常修剪草坪——剪下来的碎草也没有聚集成团——把它们放回草坪上。它们含有营养成分，所以非常环保。
4. 用耙子把树叶聚拢在一起。如果草坪上有太多树叶，它们会挡住阳光，与草坪竞争阳光。如果只有少部分树叶，割草时让碎草覆盖它们也没问题。
5. （早上）浇水。通常来说，草坪每周需要约 2.5 厘米深的水，不过浇水量会因为草的种类不同而有所不同。
6. 每四到六周施一次肥。大卖场出售有机肥料，你家当地的园艺超市可能会有更多针对你的特定土壤类型的天然产品。
7. 在早春的时候，要喷洒预防性除草剂，防止杂草丛生。
8. 根据需要处理杂草（预防性除草剂并不能对付所有的杂草——比如蒲公英——所以你必须在它们长出来的时候处理它们，就像打鼹鼠一样）。

专家：

阿林·哈恩是草坪护理专家，也是"优兔"上的"草坪护理狂"。他的周播节目教人们如何自己动手打造街区中最绿、最厚、最漂亮的草坪，使其成为街道上最亮丽的风景。他在全球最大的草坪服务公司TruGreen工作了15年。

讲解：

你能为你的草坪做的最重要的事就是正确地修剪它。如果你做得不对，草坪对你来说将永远是个难题。把草叶想象成吸收太阳信号的卫星天线，你需要控制它们（不要让它们长得太高），但不要完全剪光——因此修剪长度不超过三分之一，这样仍然能留下足够的绿色叶片进行光合作用。以前人们是在春季和秋季各施一次大量的合成肥料，结果发现少量、多次地施有机肥料更好（有时草坪会变得稀疏或不健康，需要额外的帮助，这时用肥料让它健壮起来也没问题）。有以下两种方法可以对付杂草。（1）防止杂草的出现，当春季土壤温度达到十二三摄氏度时，杂草就开始生长，所以在那之前你就需要在草坪上做好处理杂草的准备，让土壤中形成屏障，防止杂草出现。（2）购买预混合除草剂，对蒲公英、三叶草或任何随着天气变暖而冒出来的杂草进行点喷。

关于浇水：

如果你在早上浇水，太阳升起后会把水分晒干。如果你在晚上浇水，特别是在潮湿的气候下，水会整夜留在草坪上，这会导致病害（尽管如此，晚上浇水总比不浇水好）。要想知道两三厘米深的水有多少，用金枪鱼罐头测量一下：把一两个空金枪鱼罐头放在院子里，打开洒水器，设定计时器；当罐子装满的时候，看看你的计时器——那就是你每周需要使用洒水器的时间。把这个时间分成两天的浇水时间，比如星期三和星期日，每次浇约 1.3 厘米深的水。如果你每天都浇水，草根会紧贴地面生长，你就会有一块浅根的草坪。你需要让草根深埋在凉爽的土壤中，以便调节植物的生长。但有一种情况例外：当你想让新草种生长时，要让它每天保持湿润，大约持续二十天。

给你的花园浇水

1. 查看天气预报，确保未来 12~24 小时内不会下雨。
2. 如果不下雨，早上 7 点半或 8 点到室外。
3. 打开软管，把它拖到你想浇水的地方（在这个过程中尽量不要压到任何植物）。
4. 将喷嘴设置为"洒水"，然后打开软管，让每株植物湿透的水量相当于 2.5~5 厘米的降雨量。
5. 在新种的植物上多花点儿时间（新种的植物一周要浇五次水，而根据气候变化多年生灌木和乔木只需要浇两到三次）。
6. 从植物的根部开始用软管浇水，一直向上浇到"滴水线"（这是树枝向外延伸形成的伞形——水从植物最外围的树枝滴落到地面的位置）。

专家：

克里斯·兰普顿是DIY Network频道《草坪和秩序》《庭院不速之客》节目的主持人，也是HGTV《打造庭院》节目的常驻主持人。他和妻子佩顿以及两个孩子莱拉和海斯住在科德角，他在那里经营家族园林公司——E.Lambton园林公司。

讲解：

自然降雨一整天抵得上浇三四次水（通过你自己或你的灌溉系统浇水），如果要下雨了，就不要用软管——把屋檐下的盆栽放到外面去。如果下了一场大雨，那么接下来几天你就不用浇水了，不过也要根据不同的植物来定。要在地面和植物被太阳晒热之前浇水。如果你等到下午2点再浇水，水就会打在植物上，并且还未吸收就蒸发了——它蒸发的时候，会灼伤花朵。如果你在晚上浇水，花园会一直潮湿，这会导致烂根（开启灌溉系统的最佳时间为早上5点半）。不用担心植物根部的浇水量——植物的根会尽可能地向外延伸，所以你可以一直浇到滴水线。

专业提示： 如果你不是特别爱浇水的人（或者不相信自己能养活生物），那就只种植当地的植物。它们不需要那么多水，因为它们已经习惯了当地的温度、土壤类型和降雨量（在网络上搜索你所在地区的"原生植物数据库"）。

小贴士：

如果你准备外出又担心盆栽（它们的盆土干得更快），试试这个有趣的方法：在空酒瓶里装满水，然后把它倒过来放在花盆里。随着时间的推移，酒瓶里的水会慢慢渗入土壤中。你也可以在一个塑料水瓶（根据花盆的大小选择）上戳几个洞，把它埋在盆土里，顶部露出来一点，然后把瓶子装满水。当然，这取决于你的植物的大小，但酒瓶和塑料水瓶都能让你安心外出几个星期。

预防和处理花圃里的杂草

1. 在种下灌木和花之后，立即盖上 10~15 厘米的覆盖物。植物球茎上也可以覆盖，因为覆盖物在冬天可以成为球茎的一条很好的毯子，覆盖物分解时，也会成为球茎的肥料。
2. 当杂草不可避免地冒出来的时候，等到雨停后的第二天开始拔草。
3. 准备一个桶或空塑料花盆（为此，要留几个植物换盆前用的旧花盆）和一把尖头小铲子或手铲。
4. 指定一个约 0.5 平方米的区域（你可以指定"从这块玫瑰丛到那棵绣球花"的区域），只关注这个地方。
5. 连根拔除杂草，必要时使用工具，并把它们扔进桶里（除草时打个工作电话或者听听播客）。
6. 当第一个区域的杂草完全清除后，后退一步，欣赏一下自己的成果，然后继续到另一个约 0.5 平方米的区域除草，或者结束今天的工作，明天再来。

专家：

克里斯·兰普顿是 DIY Network 频道《草坪和秩序》以及《庭院不速之客》节目的主持人，也是 HGTV《打造庭院》节目的常驻主持人。他和妻子佩顿以及两个孩子莱拉和海斯住在科德角，他在那里经营着家族园林公司——E.Lambton 园林公司。这家公司由他的父亲命名，以前，克里斯及其兄弟姐妹从草坪上每拔除一棵蒲公英（用一把牛排刀，确保他们能清除蒲公英的根），父亲就会付给他们 25 美分的报酬。

讲解：

你能为你的院子做的最好的一件事就是铺上覆盖物。覆盖物分解时，会变成堆肥，转化为热量，在杂草还没开始生长就烧死它们。松鼠和鸟类身上掉落的孢子仍然会给你的院子带来杂草，这些杂草是你必须要根除的（如果放任它们生长，它们会偷走花的水分和营养）。下雨后土壤变软，更容易将草连根拔除——这是必要的，否则一周后杂草又会长出来。但不要没有计划地盲目除草。把花圃分成几个约 0.14 立方米的区域，这意味着除草工作永远不会让你感到不知所措——当你看到你的工作带来的变化时，你会获得即时的满足感（这会激励你继续前进）。这个方法也适用于清理你的车道或露台。

专业提示：如果你不想戴手套（克里斯从不戴手套，这样做事更方便），为防止尘土进入指甲缝，拿一块肥皂，将指甲放在肥皂上刮一下。肥皂嵌进指甲缝里，泥土就进不去了！

第 9 章

正餐时间

存放和清洗果蔬产品

1. 不要清洗任何果蔬产品,直到你准备吃它或烹饪它。
2. 把浆果(未洗过的)倒进一个铺有纸巾的玻璃容器里(棕色纸巾是最理想的选择,白色纸巾是经过漂白的,尽量别让它接触你的食物),在上面放上另一张纸巾,盖上盖子,然后存放在冰箱里。
3. 把大袋装的绿色蔬菜放在冰箱最下面的抽屉里,这样可以让它们最大程度地保持新鲜。
4. 把苹果放进冰箱(它们在厨房台面上放不了太长时间)。
5. 把蘑菇从塑料容器里拿出来,用棕色纸袋装好,放在冰箱里。
6. 把厨房台面上的果蔬——洋葱、大蒜、牛油果——放在平盘上而不是碗里。分层的托盘架很好用,看起来也很美观(当你把很多水果和蔬菜放在台面上的大碗里时,有的东西就会落到碗底,常常会被遗忘,比如干瘪的橘子)。

7. 一旦牛油果变软，就把它们放在冰箱里（可以多保存两三天）。
8. 当你准备吃东西或做饭的时候，先洗手，然后再清洗果蔬产品。
9. 用蔬菜清洗剂或醋和水的混合物喷洒水果和蔬菜（在喷雾瓶里放三份水和一份醋，这是自己动手去除杀虫剂和残留物的好方法），用冷水彻底冲洗，用手或蔬菜刷擦掉污垢。
10. 用凉水冲洗沙拉蔬菜，然后使用沙拉旋转器甩干（如果你有沙拉旋转器，也有孩子，孩子通常喜欢用沙拉旋转器，所以让他们完成这个任务）。

专家：

凯瑟琳·麦科德是一位美食家，也是聚焦家庭与美食的食谱网站维利西亚斯的创始人。这是一个可信赖的内容资源网站（和华丽的"照片墙"账号）。她是《思慕雪计划》《维利西亚斯食谱》《维利西亚斯午餐》的作者。

讲解：

当你从农贸市场或杂货店买完东西回家时，把东西从塑料容器或纸板容器中取出来。在你准备食用果蔬之前，要让它们保持干燥——尤其是浆果（比如覆盆子有很多小孔）。浆果就像海绵一样，可以吸收它们表面的任何液体，所以如果你把它们放在潮湿的地方，它们会很快发霉（纸巾有助于吸走残留的水分）。绿色蔬菜和其他蔬菜也一样。

把东西存放在你能看到的地方——平盘、玻璃容器、可降解的透明塑料袋,这样你才更有可能食用你的水果和蔬菜,这是关键!

专业提示: 当新鲜水果或蔬菜的表面开始出现斑点或熟透的迹象时,别把它们扔掉。把它们切成块,放在垫有羊皮纸的烤盘上,冷冻一夜,然后放进冷冻袋里,这样可以保鲜四个月(写下它们的名称以及开始冷冻的日期)。

解冻肉类

1. 在你烧肉的前一天把肉从冷冻室里拿出来,装在盘子里,再放进冷藏室。
2. 把塑料真空包装的肉,放在一大碗温水中浸泡 30 分钟(如果水太凉,你可以换水)。
3. 不要用微波炉加热,也不要用微波炉除霜功能。仅仅记住别用微波炉(肉是存放在塑料包装里的,如果你用微波炉加热,塑料会因溶解而渗入,这样你吃肉的时候会同时吃下塑料)。
4. 如果你准备烹饪整只鸡,可以去掉包装,用冷水冲洗鸡身,以便它更快地解冻。
5. 肉类解冻后,闻一闻,检查肉质是否好(鸡肉有时会有轻微的鸡蛋味或硫磺味,但应该很容易冲洗干净。如果味道洗不掉,就把鸡肉扔了)。
6. 一旦肉解冻,不要再次冷冻,除非它被烹调成高汤或酱汁。

专家：

安亚·弗纳尔德是可持续食品专家、肉店老板以及 Belcampo 肉类公司的联合创始人兼首席执行官，该公司拥有一家屠宰场、数座农场和数家餐厅（他们甚至还举办肉类野营）。她曾以评委的身份出现在《美国铁人料理》和《下一代厨神》等美食节目中，著有《家常菜：新烹饪方法的基本食谱》等。

讲解：

在理想的情况下，我们会提前计划我们的饮食，并在前一天把肉从冷冻室里拿出来。但我们有多少人每次都记得这样做？必要时用温水解冻，这个诀窍很管用（顺便说一下，温水就是不冷不热的水）。这种方法很安全，而且适用于所有类型的肉——甚至是博洛尼亚肉酱或辣椒酱，只要你保证肉装在一个密封或不透水的包装里并浸入水中，绝对不要在鸡肉未浸水时把它从包装里拿出来，因为这样会使鸡皮变软。冷冻和解冻的过程不会损害食物的营养成分。如果你用的是优质肉，并把它装入真空密封袋子里冷冻，就不会使肉冻伤，味道应该也不会改变。安亚对她家的肉做过盲评，她分不出鲜肉和冷冻肉在味道上的区别！通常来说，无论你采用哪种方式储存肉，最初的品质越好，越能保持完好。如果一开始你就选择了劣质肉，肉冷冻和解冻后的效果肯定不会很好。优质肉的含水量更少，这意味着当它们冷冻时，肉中的水分不会形成锯齿状冰晶，从而不会损害肌肉纤维，不会使肉变软。优质肉类生产商的指标包括"散养"或"空气冷却"。"空气冷却"对鸡肉非常重要，不仅意味着鸡肉中不含水，还意味着鸡肉的温度是通过与空气的自然接触而不是通过浸泡在漂白溶液中（是的，这是大多数鸡肉都要经历的过程）下降到冰箱中的温度。

专业提示：如果你要冷冻肉类（这可能是我们最近都学会的一项技能），最好用真空密封包装的肉。你可以在离开商店前让店员帮你把肉真空密封包装起来，或购买已经真空密封包装的肉（只要确保包装里的水不多）。正确的包装可以防止细菌生长、水分流失、水分渗入，这些都会导致肉冻伤。如果无法做到真空密封包装肉，就用塑料膜（保鲜膜或大的拉链袋）把肉包紧，挤出里面的气泡。注意让瘦肉部分完全接触塑料膜，如果肉皮和肥肉没有完全贴合塑料膜，也没问题——肥肉不太可能冻伤。

给食物贴上标签（名称以及开始冷冻的日期），不要把肉类放在冰箱里超过一年。

准备做菜

1. 回忆一遍你要做的菜（读一遍食谱，或者想一下烧菜步骤）。
2. 放松——倒一杯酒或一杯茶，播放你最喜欢的音乐，或者调出一个电视节目作为背景声音。如果你的食谱里写着需要预热烤箱，现在就去预热。
3. 在煤气灶旁边放一块大砧板。如果这里没有空间，就把它放在水槽上。

4. 在烹饪区旁边放一个空碗，用来收集你在做菜过程中丢弃的垃圾。这是你的"垃圾碗"，此时碗变换了功能。
5. 找到所有你需要的锅碗瓢盆和工具，把它们放好。
6. 拿出食材，并将它们按照使用顺序排列在你的烹饪区中（必要时，参考第1步）。
7. 先把烹饪时间最长的蔬菜切好，从这个菜开始做。
8. 在烹饪菜的同时，整理你的烹饪区，必要时把"垃圾碗"里的东西倒掉。

专家：

瑞秋·雷是厨师、作家和电视名人，目前主持美食节目《30分钟用餐》和"艾美奖"得主——日间脱口秀节目《瑞秋·雷》。她还是杂志《瑞秋·雷的季节》的创始人和编辑总监，其创作的第26本烹饪书《瑞秋·雷50：甜蜜和体面生活中的回忆和饮食》成为《纽约时报》畅销书。

讲解：

如果你不希望做菜的时候出现意外，就想一下烹饪过程，这可以帮助你确定需要哪些食材、特殊设备，以及烹制哪样东西需要花费最长的时间（你可以从这样东西开始切配）。在你打开煤气灶之前，想好怎么操作也很重要——否则你很难做出一道成功的菜，短期内也不想再做菜了。如果你一餐要做几道菜,只拿出你先做的那道菜的食材,这样就不会混淆,食材也不会挤满烹饪区。把所有东西都放在手边,包括"垃圾碗"。如果做菜不用费太多力气(比如来回跑十次去扔垃圾),它会变得更高效。做菜的时候,你应该不想跑来跑去!高效烹饪的关键是在做菜之前把所有的东西都放好——这样你就不用在洋葱烧熟的时候(已经下锅了)去找铸铁煎锅和生鸡爪。为了使清理工作更有效率——这样你就不会在烹饪结束后完全不知所措——每做完一道菜就清理干净(瑞秋的丈夫在家里洗碗……如果瑞秋·雷给你做饭,你会不洗碗吗)。

小贴士:

在你打开不粘锅底下的火之前,放一些油、黄油、高汤到锅里。如果不粘锅里不放任何东西就预热,就会将毒素释放到空气和锅里(铸铁锅或不锈钢锅没有问题)。

做一份令人满意的沙拉

1. 准备一个大的不锈钢碗或搅拌碗,其容量要远远超过你正在做的沙拉的量。
2. 在碗的底部至少放两种绿色蔬菜:一般用一种绿叶蔬菜(如芝麻菜)和一种有纹理的、富含纤维的蔬菜(如羽衣甘蓝)。一定要把它们洗干净,并待其完全变干后放在碗里。

3. 用各种方法切蔬菜——切丝、切碎、切丁、切片,把它们放在碗里。
4. 如果你用的是谷物(藜麦和法罗小麦是不错的选择),就在它们已经冷却后放进碗里。
5. 加入蛋白质(如果你把它当作一顿饭):烤鸡丝、豆子、炸豆丸子、吃剩的牛排。
6. 坚持用奶酪片或奶酪碎——帕玛森奶酪、蓝纹奶酪、山羊奶酪都很好(如果把奶酪磨碎或切碎,它会粘在生菜上)。
7. 撒上一些松脆的食物——坚果、籽粒、墨西哥玉米片(把坚果和籽粒烤一下或炒一下,这样可以增加风味),还可以加一些有嚼劲或甜的东西,比如杏干、蔓越莓或樱桃。
8. 当你准备吃沙拉的时候,把沙拉调料沿着碗口转圈倒入。倒一两圈可以拌出一份清淡的沙拉,倒三四圈可以拌出味道浓郁的沙拉。
9. 用沙拉钳从下面开始搅拌,把沙拉上下翻拌均匀(就像把蛋清拌入面糊烘烤)。重复这个动作,直到所有调料都和食物充分混合,而不仅仅是堆在食物上面,这样沙拉就富有光泽。
10. 最后撒上新鲜香草(细香葱或薄荷)、小籽粒(芝麻或胡麻)、海盐和胡椒粉。

专家:

凯特琳·香农是Sweetgreen的首席研发厨师,Sweetgreen是一家遍布美国各大城市的有机沙拉和温菜餐厅。凯特林用新鲜的、可持续的、从当地采购的食材制作Sweetgreen的季节性和招牌菜单。

讲解：

即使你用小碗盛沙拉，也要确保装拌沙拉的碗的容量比沙拉的量大，因为大碗更容易操作，这样你才有可能把所有食物混合均匀（一碗成功的沙拉的关键），而不会让你搅拌的食物从碗里溅出来。每样食物的量实际上取决于个人喜好（也基于你手头有什么），但是你可以把通用配方应用到你拌的沙拉中。如果沙拉是你的正餐，你肯定要加入谷物和蛋白质；如果你做的沙拉是正餐的配菜，你可能不需要做完所有步骤。加入有纹理的蔬菜很重要，因为它可以防止沙拉被其他配料和调味料压坏。各种质地和口味的食物使沙拉更加有趣，更令人愉悦。不要放热的食物，特别是当碗里有娇嫩的绿色蔬菜的时候，热的食物很容易让它发蔫。

小贴士：

想提前做好沙拉？ 最后放松脆的食物和牛油果（松脆的食物会因吸收太多水分而失去松脆感，而牛油果会变成褐色）。用湿纸巾盖住沙拉，确保它接触沙拉，然后把沙拉放在冰箱里，在你准备端上沙拉之前加入剩下的配料和调料。

做一份简单的沙拉调料

"一旦你掌握了这项技能,你就再也不用(或不想)买调料了。"

——凯特琳·香农

1. 计划调料的基本成分:一般是三份油和一份醋(比如把 1.5 杯橄榄油倒入 0.5 杯红酒醋中)。
2. 先加乳化剂(第戎芥末或新鲜蛋黄),它能帮助混合两种或两种以上通常无法混合在一起的成分(比如油和醋)。
3. 加入一种甜味剂,如蜂蜜或枫糖。
4. 用蒜泥、葱花、香草、柠檬或橙皮调味。
5. 把所有食材(除了油)放入搅拌机或食物料理机中搅拌几次。
6. 在机器运转的过程中,慢慢地倒入油,直到调料乳化。
7. 调味时尝一下,根据需要加入盐和胡椒粉。

专家:

凯特琳·香农是 Sweetgreen 的首席研发厨师,Sweetgreen 是一家遍布美国各大城市的有机沙拉和温菜餐厅。凯特林用新鲜的、可持续的、从当地采购的食材制作 Sweetgreen 的季节性和招牌菜单。

讲解：

经典的油、醋比例是三份油和一份醋，但你可以根据个人喜好来调整比例。如果你想要更柔滑的调料，就加三份油；如果你喜欢更酸的食物，就减少油的用量。在加入油之前将所有食材搅拌在一起，有助于分散乳化剂，这样当你加入油时，所有原料更容易混合（或乳化）。这一步你可以不用搅拌机，只需在碗里搅拌原料，然后继续快速搅拌，同时慢慢地加入油。新鲜调料最好的储存方法是放在冰箱中的一个玻璃罐或有密封盖的容器里（广口玻璃瓶非常适合），这样可以保存五天左右。

关于沙拉调料：

端上沙拉前再放调料。沙拉中的食材决定了所要用的调料。如果你放了谷物，就不要用奶制品，因为谷物会吸收所有调料，使沙拉里其他食物变得寡淡。如果放了奶酪或牛油果，就不要用含奶油的调料，否则沙拉会变成乱糟糟的一团。当你用了软嫩的食材时，可以选择轻薄一些的调料，比如油醋汁。

凯特琳推荐的油醋汁

2 汤匙鲜柠檬汁

2 汤匙鲜酸橙汁

1 茶匙小葱，切碎

> 1 茶匙乳化剂
>
> 1 汤匙蜂蜜
>
> 1/2 茶匙鲜柠檬皮
>
> 1/2 茶匙鲜酸橙皮
>
> 1 汤匙鲜香草（莳萝、龙蒿或罗勒），切碎
>
> 3/4 杯中性油（红花籽油或牛油果油都可以）
>
> 按照上面的说明进行乳化和调味——如果你想在调料里用大块的柠檬皮或者整根小葱，那就等乳化后再放。

煮完美的意大利面

1. 将水倒入锅中（煮 454 克意大利面约需 5.6 升水），用大火加热。
2. 水烧开时，加 2 汤匙盐。
3. 水沸腾时，加入意大利面。
4. 搅拌意大利面，确保它不会结块。
5. 不盖锅盖，让意大利面在滚水里煮熟，经常搅拌以防面粘在一起。
6. 在水槽里放一个漏勺。
7. 把意大利面倒入漏勺之前，用长柄勺往马克杯里倒一杯煮面的水。
8. 如果你要把意大利面加入酱料里，煮面的时间要比包装上建议的让面煮到有嚼劲的时间少 1~2 分钟，然后沥干意大利面，因为面和酱汁混合时会继续受热。
9. 当意大利面煮好后（尝一尝以确定煮熟了），把它倒在漏勺里，或

者你可以跳过这一步，直接用食品钳把意大利面夹到酱料里。

专家：

瑞秋·雷是厨师、作家和电视名人，目前主持美食节目《30分钟用餐》和"艾美奖"得主——日间脱口秀节目《瑞秋·雷》。她还是杂志《瑞秋·雷的季节》的创始人和编辑总监，她的第26本烹饪书《瑞秋·雷50：甜蜜和体面生活中的回忆和饮食》一经出版立刻成为《纽约时报》畅销书。

讲解：

打开煤气灶之前，确保你有足够的水和足够大的锅，这是关键——意大利面需要搅动的空间，否则会结块。有趣的事实是：瑞秋发明了一个椭圆形的锅，专门用来煮意大利面，长的面条可以直接放进去，很合适。虽然煮意大利面要用很多盐，但你还是要给面调味——即使要用酱汁，你也希望面本身有味道（你可以在水沸腾后再加盐，这样盐就不会在锅上留痕迹）。你也要给水调味——它应该尝起来像海水。煮面的水相当于菜里的一种配料。面食在烹煮过程中会释放一些淀粉，这种含盐的淀粉水是一种很好的酱料增稠剂——把它倒一点儿在意大利面上，会让意大利面和酱料混合在一起。

做一块完美的汉堡

"对我来说,汉堡就是典型的三明治,所以每一个组成部分——肉饼、面包、奶酪、调味品——都需要经过深思熟虑。你需要分别处理每一样东西,然后把它们放在一起。"

——博比·福雷

1. 选择瘦肉与肥肉比为 4:1 的牛肉(牛肩胛肉很好)。
2. 将它制成肉饼,注意肉不要过多(每块两三厘米厚的汉堡大约用 169 克肉饼)。
3. 在肉饼的两面多放些盐和胡椒粉用来调味,其他都不用放了!
4. 在每个肉饼的中心,用大拇指按出凹陷的印子,这样肉饼在烹饪时不会变形。
5. 把平底锅或烤架加热到较高的温度(平底锅或铸铁煎锅是理想的选择,这样肉饼就可以在自己的肉汁中烤熟,而肉汁也不会从敞开的烤架上滴落下来)。
6. 往锅里滴几滴油(菜籽油、植物油、红花籽油)。当油烟冒出来的时候,就可以了。
7. 把肉饼放在平底锅里或烤架上,静止地烤两三分钟(成为三五分熟的肉饼)。
8. 不要用锅铲压肉饼——这样会挤出所有的肉汁。
9. 把肉饼翻过来,再静止地烤两三分钟。再次强调,不用动它。
10. 如果你要烤汉堡面包,可以用烤面包机、烤箱或者烤架(你应该烤一下面包）。

11. 如果你要放奶酪，可以在肉饼上放两片，然后关闭烤架加热30秒。如果你用的是平底锅，在锅里加入3汤匙水，迅速盖上锅盖，蒸15~20秒。
12. 把肉饼放在烤好的汉堡面包上，根据自己的喜好添加调味汁。

专家：

博比·福雷是屡获殊荣的厨师、餐厅老板和食品网明星。2008年，博比开了他的第一家博比汉堡宫（距离我在长岛的住所20分钟车程——很棒），现在美国有十几家博比汉堡宫。他写了十几本烹饪书，其中包括《击败博比·福雷》、《博比·福雷的烧烤瘾》和《料理铁橱》，他也是第一位在好莱坞星光大道上获得星星的厨师。

讲解：

要制作一块好吃的汉堡，先要选择优质肉。肉必须含肥肉，瘦肉太多（瘦肉占90%或更多）就很容易变干，并且没有足够的风味。（正如博比所说："如果你想吃汉堡，就吃汉堡吧。"）很多人把汉堡的制作过程弄得太复杂了，其最大的错误之一是添加了额外的配料，并且把牛肉当作肉糜糕一样调味。简单点儿！你只需要盐和胡椒。人们也会加太多的肉，这样就缺少一些空间来创造合适的口感。烤架也必须是热的，否则肉饼会烤不熟——只会稍微变热，最终你得到的是一块灰色的肉饼。保证肉饼外层酥脆、咬上去多汁又美味的最佳方法是使用铸铁煎锅。博比甚至把他的铸铁煎锅带到户外，放在烤架上用。之所以用拇指在肉饼上压出印子，是因为当肉饼在烹制的时候，它会像足球一样鼓起来，如果人们用锅铲的背面把它向下压，就会挤出所有的肉汁（不！别那么做），取而代之你可以"捉弄一下肉饼"，在肉饼的中间按压出一个凹陷，这样它在烹制的时候会恢复原来的形状，你就不必按压它了。

博比对奶酪的看法：

奶酪显然有很多种。很多人通常选择切达奶酪。博比讨厌把切达奶酪放在肉饼上，因为"它不容易融化，会渗出液体"，奶酪里所有的油都会渗出来。所以，他特别推荐传统美式奶酪。人们通常不好意思订购它，因为它是初级款，但那又怎样呢？博比的观点是："无论你是汉堡爱好者还是专业厨师，美式奶酪都是最好的。这是每个人都想要的，我不在乎别人怎么说；它的味道恰到好处，会让你想起自己的童年，这就是汉堡的全部意义。"

博比对汉堡面包的看法：

"只要口感松软，你可以挑选任何你想用的面包。如果你买到一个外层口感很硬的手工汉堡面包，它会破坏整个汉堡。你需要像土豆面包或芝麻面包这样柔软的面包，当你把肉饼放进去的时候，它实际上变成了肉饼的一部分。我总是会烤一下面包——就这么简单。你会得到一种口感上的对比。"

博比对肉饼温度的看法：

"如果你问专业厨师希望肉饼达到几分熟，99%的人会说三分熟，少数会说一分熟。我会把肉饼做到五分熟，我将告诉你原因。肉饼不是牛排，不是菲力牛排，它们是有区别的。很多时候，当肉饼三分熟时，脂肪还没有来得及融化。假设脂肪融化一点儿，它就能润滑肉饼的内部。肉饼在三分熟的基础上再跨半步，就可以做出完美的肉饼了。"

打包剩菜

"不要把剩菜看作翻热食物，把它们想成烹制全新菜肴的潜在原料。"

——丹·帕什曼

1. 把剩菜放到安全的地方，以免你想保留的食物被刮到垃圾桶里（如果你在招待客人时，有人冲进厨房想给你帮忙，这一点尤其重要）。
2. 为每一样你想要保留的食物找到尺寸合适的盛放容器，并把容器放在厨房台面上（不要用塑料袋装食物，塑料袋对环境有害，还有，没多少人喜欢吃袋子里的东西），同时找到对应的盖子。我知道，说起来容易做起来难。
3. 想想剩菜的第二次生命会是怎样的，并做一点儿准备工作——肉糜糕会变成三明治吗？趁着切菜板还在外面，厨房已经一团糟，马上把它切成片。为了第二天的墨西哥玉米卷，前一晚就把鸡肉切碎。
4. 如果剩菜还是热的——而且是你想要保持酥脆的东西（面拖炸鸡或

者苹果酥）——就让它完全冷却后再打包，否则你不需要等剩菜冷却。

5. 把类似的食物混合起来，以便装满容器（蔬菜可以放在一起做煎蛋饼，豆类和米饭也可以搅拌在一起），但要分开装意大利面和酱汁。
6. 你第二天要带这些剩菜去上班吗？现在花点儿时间把它们装好。
7. 把你的食物放在冰箱里靠前的位置，这样你就很容易看到它，你会把它们吃得一干二净——要是你忘了剩菜在冰箱里，这真让人难过。

专家：

丹·帕什曼是"詹姆斯·比尔德奖"获得者，也是美食类播客节目《盛满叉勺》的创作者和主持人（丹说"这个节目不是针对美食家，而是针对食客"，他和嘉宾专注于饮食的细节，以揭示关于食物和人的真相）。他还主持了烹饪频道节目《你吃错了》，著有《吃得更好：如何让每一口都变得更美味》（披露：他女儿和我女儿在四年级的时候是同班同学）。

讲解：

成功打包剩菜关键在于存放它们的容器。容器里的空气越少，食物保存的时间就越长，所以容器最好装满。一个装满食物的容器看起来也比一个只装四分之一的容器更吸引人。最好是玻璃容器而不是塑料制品，因为它可以放在洗碗机里，并且很容易清洗。选择有扁平盖子的扁平容器，这样你可以把它们堆叠起来。如果你打包的时候食物还是热的，它会产生蒸汽，蒸汽会在容器内凝结。把那些水分留在里面并不一定是坏事（除非是一道需要保持酥脆的菜），实际上它可以防止剩菜在加热时变干。总之，食物打包得越好，你就越有可能食用它。

小贴士：

享用剩菜的关键：至少吃剩菜前一个小时把它们从冰箱里拿出来，这样它们就可以达到室温了。当剩菜里的脂肪没有凝固时，剩菜会更可口，而且你也不必过度加热。以牛排为例，如果你喜欢三分熟的，让它达到室温意味着你不是在加热一颗冰球（你甚至可以在它达到室温后，把它放在一块三明治里吃）。

找一个吃饭的地方

"记住，你选择的餐厅会体现出你的一些特点，所以你必须仔细考虑。"

——克里斯·斯唐

1. 考虑你想得到的综合体验（第一次约会和老朋友一起庆祝生日的氛围不同）。

2. 考虑噪声——这是最可能破坏餐厅体验的因素之一，所以不管你和谁一起吃饭，了解餐厅分贝值是多少非常重要。

3. 考虑各种各样的食物选择（在网上查看菜单）——更重要的是，看它们是否适合和你一起吃饭的其他人。如今，询问人们的饮食忌讳几乎是一个前提。

4. 阅读评论，但不要只关注对食物本身的评论；选中复选框，查看与第 1 步和第 2 步相关的线索。

5. 有疑问时，给餐厅打电话询问。（有儿童菜单吗？有没有无麸质食品可以选择？会不会有一个人弹着吉他高唱菲尔·科林斯的歌？）

6. 如果你提前安排，可以先预订几个餐厅，然后让和你共餐的人帮你决定，只是要确保取消其他预订。每次都要这样做（不要等到吃饭当天再这样做）。

7. 要知道，一次又一次到同一家餐厅吃饭，没有什么不对的。

专家：

克里斯·斯唐是 The Infatuation 的联合创始人，The Infatuation 是一个餐厅推荐平台（该平台有手机应用程序、新闻通讯、短信服务和网站），覆盖全球 30 多个城市。该平台用独特的方法创建和提供餐厅指南（该平台的列表之一是"和你的三线朋友去哪里吃饭"）。2018 年 3 月，The Infatuation 收购了著名餐厅点评品牌 Zagat。克里斯也是《如何喝葡萄酒：了解你喜欢什么的最简单的方法》的合著者。关于如何选择葡萄酒，请参阅第 168~170 页。

讲解：

你要找的餐厅并不一定要有最火的厨师或上镜率最高的食物，但一定是一家能在特定的夜晚满足你所有特定需求的好餐厅（是的，好几个月没能出去吃饭的话，你的需求可能发生了变化）。食物显然很重要，但总有一系列其他因素需要考虑，然后你可以通过考虑这些因素找到最合适的餐厅。从地理位置开始考虑，餐厅的位置对于和你一起吃饭的每个人来说都应该是方便到达的（如果你计划开车过去，要看停车情况如何）。如果这是一次亲密的约会或商务晚餐，或者你只是不喜欢喧闹的餐厅，你要确保噪声不会成为一个问题。你对到达那里后会得到什么（从食物、音乐到服务）了解得越多越好。这就是你可以反复去你喜欢的餐厅的原因。

小贴士：

和一群人出去吃饭？ 如果你要和一群人，比如五个人或更多人一起出去吃饭，找一家有圆桌的餐厅——提前打电话问问餐厅有没有圆桌，然后决定是否预订。

出去约会？ 第一次约会时，选择一个你很熟悉的地方，这样你就可以推荐菜单上的东西，或者点一瓶你以前喝过的酒。你看起来越有见识，约会就越顺利（你就不会偶然找到一家有公共餐桌或安静浪漫的餐厅）。找一家有很棒的吧台的餐厅，你们可以坐在那里，然后再转移到餐桌旁边，但不要有压力。

出去参加商务晚餐？这些人通常不会一起出去吃饭，这意味着你们的兴趣（饮食和其他方面）可能会有很大的不同。查看菜单上各种各样的食物，提前询问每个人的饮食忌讳，如果你要拿出文件，一定要考虑噪声和桌子的大小。

关于成为选择餐厅的那个人：

"为各种场合选择一家好餐厅的能力会给你带来社交资本，而社交资本对于人们来说是最有价值的东西之一。谁不想在约会时、和朋友聚餐时或工作时，成为那个可以选择一个完美的餐厅或点一瓶完美的葡萄酒的人呢？"

——克里斯·斯唐

当你带着小孩在餐厅吃饭……

1. 提前给餐厅打电话（或查看它们的网站），看看它们对家庭用餐的友好程度。注意：如果它们没有儿童菜单，这并不是个好兆头，但也不意味着它们不会接纳你们。
2. 如果你们要出去吃晚饭，就早点儿去，这样餐厅会比较安静，服务员也不会那么疲惫，你也不用缩短睡眠时间。
3. 选择靠角落而不是餐厅中间的桌子，否则所有人都会看到你们（卡座很适合小宝宝，你可以紧紧抱住他们，让他们坐好）。
4. 你要在服务员出现时就想好要什么，并让他们知道你的计划，比如，你想马上给孩子点餐，而且想一边喝东西一边仔细看菜单。

5. 让孩子点一些他们通常在家里吃不到的特殊食物，让他们明白外出吃饭是一种乐趣（而且他们应该表现好一点儿）。
6. 如果孩子饿了，你就点些面包、薯条或者能快速出餐的食物，保证他们点的菜还在做的时候，他们的血糖（和行为）都能得到控制。
7. 请服务员在给大人上菜的同时给孩子上甜点（在许多餐馆，孩子的食物都带有甜点）。
8. 如果孩子坐立不安，就带他们去洗手间洗手。
9. 当大人的食物上桌时，问服务员要账单。你不必马上付钱，但当有急事发生而必须吃完马上走时，你就可以快速付账了。
10. 在离开之前把大块的脏东西收拾干净，或者留下数额大一些的小费。

专家：

卡拉利·法勒特是南卡罗来纳州查尔斯顿市 All Good Industries 公司的所有者，该公司拥有"公园咖啡馆""美国皇家餐厅""塔可男孩""维基沙洲"等餐厅。她还创立了一家蒙台梭利学习中心和一个设立在社区的志愿者组织"绿心计划"，该组织将学校农场整合为户外教室。

讲解：

做一点准备工作，可以让参与其中的每个人都有一次更愉快的体验。

提前问问餐厅服务员："你能帮忙带我和我的孩子在餐厅里走一圈吗？"与餐厅服务员沟通是很重要的——他们不希望你有压力，就像你不希望自己有压力一样。错开大人和孩子的上菜时间是你优化体验的关键——当孩子的食物先上桌时，你可以为他们切碎，把他们安顿好，而不必牺牲你自己吃饭的时间。然后当你吃饭的时候，他们可以专心吃冰激凌。带小孩去餐厅时，首先要想好你的最终目的。你希望他们长大后在餐厅里如何表现？即使他们年纪很小，他们吸收的东西也比你想象的要多，所以他们要注意餐桌礼仪，不要发出很多噪声，对服务员要友善（比如，如果地板上到处都是炸薯条，你就把它们捡起来，让你的孩子明白这是别人的空间，要尊重别人）。

假装能看懂餐厅的葡萄酒单

1. 如果你手里有葡萄酒单，那就说明餐厅的经营者选择了那些酒，你可以向他们寻求帮助。
2. 首先告诉他们你的预算，直截了当地说，哪怕是 40 美元。好的餐厅会为自己葡萄酒单上的合理定价而自豪，无论你的预算是多少，侍酒师或葡萄酒师都会很高兴你把预算告诉他们（如果你不想太直接地说，可以在酒单上指出数额，然后说"在这个范围内"）。
3. 选择一个基本类别，如红葡萄酒、白葡萄酒、起泡葡萄酒、桃红葡萄酒等。
4. 选择一个葡萄酒产区。如果你不确定，为稳妥、简单起见，可以选择法国或美国加利福尼亚葡萄酒产区，因为几乎每张葡萄酒单上都能找到这两个地方的酒。选择意大利葡萄酒产区也很保险,但后续的问题可能很难解决,因为那里的葡萄种类和产区都太多了。

5. 选择一种葡萄酒风格或一个葡萄品种。风格包括轻盈型、中等型、浓郁型。葡萄品种有黑皮诺、霞多丽、白苏维翁等。
6. 要自信,哪怕你不知道自己在说什么。
7. 用开放式问题,以便葡萄酒师给你指导意见。它听起来应该是这样的:"我在找 70 美元范围内的红葡萄酒,要美国加利福尼亚州产的。口味最好偏轻盈型。很愿意听听你的建议……"

专家:

格兰特·雷诺兹是一名屡获殊荣的侍酒师,也是纽约市 Parcelle Wine 葡萄酒公司的所有者。他和克里斯·斯唐合著《如何喝葡萄酒:了解你喜欢什么的最简单的方法》,该书的内容涵盖如何酿酒,葡萄酒是否真的需要"呼吸",以及为什么你不应该再喝灰皮诺(抱歉,凯西阿姨)。

讲解:

如果你能表达出你想要的葡萄酒的基本特点,一名好的侍酒师会欣赏你这一点,并且应该能够引导你找到一瓶你喜欢的葡萄酒。即使是一位对葡萄酒知之甚少的工作人员,也应该能够帮你找到相对接近你的喜好的葡萄酒。如果周围的人都不知道自己在说什么,那么你从酒单上选什么可能并不重要。闭上眼睛,随便指一种,或者喝杯啤酒,不喝葡萄酒了。不过，说真的，当你能自信地讨论一份葡萄酒单并做出决定时，坐在你对面的人会对你控制局面的能力留下深刻的印象，哪怕你最后承认自己也不知道你们到底在喝什么。想要胜利，自信心占90%。喝葡萄酒是这样，生活也如此。

小贴士：

几乎每张葡萄酒单上都有万无一失的选择：

> 香槟酒
> 夏布利葡萄酒
> 勃艮第白葡萄酒
> 意大利白葡萄酒
> 巴贝拉葡萄酒
> 博若莱葡萄酒
> 基安蒂葡萄酒
> 罗讷河谷葡萄酒
> 圣巴巴拉黑皮诺葡萄酒

第 10 章

请客与做客

计划一场鸡尾酒会

"放点儿音乐,给自己倒一杯吉姆雷特鸡尾酒,尽情享受这充满仪式感的准备过程,就像享受真正的酒会一样。你在计划酒会时投入的爱和乐趣越多,你的客人整晚感受到的爱和乐趣也越多。"

——玛丽·朱利亚尼

1. 想出一个食物主题以便酒会的风格统一,这样也更容易计划。不要把墨西哥豆瓣酱放在一盘寿司旁边。如果你要提供豆瓣酱,就准备墨西哥玉米煎饼或墨西哥卷饼,这也会帮助你选择匹配的酒水(玛格丽特酒,宝贝)。
2. 确保你提供的每样食物都只需要一个小盘子、一把叉子和一张鸡尾酒餐巾。如果某种食物需要的用具超过这些,就不要准备这种食物了。

3. 如果你有制冰机，在办酒会的前几天就把冰块装袋，这样你会有足够的冰块（把一包美式热狗面包也扔到冰箱里，以防万一）。

4. 购买酒水。你可能知道你的客人喜欢什么，但以下是一些必备品：白葡萄酒、红葡萄酒、伏特加、杜松子酒、龙舌兰酒、苏格兰威士忌、苏打水、汤力水、蔓越莓汁（如果你想避免污渍，可以选择白蔓越莓汁）和冰块。用一些柠檬和酸橙做装饰。

5. 如果你要做一种招牌鸡尾酒，那就提前多做些，并把它放在潘趣酒碗、饮料机或者其他能够盛得下它的容器里。

6. 创建一个歌单（最多二十首歌），慢慢开始、渐入佳境、逐渐结束。

7. 在酒会的前一天，把碗、盘子和其他餐具摆放好——用便利贴标出每样东西摆放的位置，并把不需要的东西收起来。这样一来，你就不用在客人到来的时候再去寻找合适的碗，同时可以清除多余的杂物。

8. 打扫所有浴室（甚至你认为没人会用的楼上浴室）。清空废纸篓，确保卫生纸和擦手巾齐全，并放一支香薰蜡烛在浴室里。

9. 清空洗碗机和垃圾桶（在垃圾桶底部多放一些垃圾袋，方便更换）。

10. 确定放外套的地方：一张床、一个放在走廊里的架子、一个清空的门厅壁橱。

11. 安排好酒水区。如果客人来了，你还要继续做菜或准备，就把酒水区安排在厨房里。切几个柠檬和酸橙。在客人到达前一小时冰镇白葡萄酒。

12. 点燃适量蜡烛，深呼吸，用客人的眼光，从头到尾快速走一圈，确保一切都检查到了。打开歌单，准备就绪了。

专家：

玛丽·朱利亚尼是Mary Giuliani Catering and Events公司（它为明星举办派对）的老板，著有《小热狗：点心回忆录》和《鸡尾酒会：吃，喝，玩，恢复元气》等。

讲解：

鸡尾酒会就意味着小吃和饮品而不是正餐，所以要保持简单（如果你要举办晚宴，有关如何布置一张令人印象深刻的餐桌，参阅第174~177页）。尽可能提前做足准备，这样你在酒会当天会更沉着（而且前一天晚上你会睡得更好）。在客人到达之前，给自己二小时进行预热准备。放点儿音乐，找点儿乐子，确保所有的步骤都已经检查完毕。浴室是干净的吗？大衣要放哪儿？酒水放在哪儿？把它放在厨房工作台或桌子上也没什么问题，这样一来，如果你在厨房里忙碌，就不会感到孤单了，而且很方便续水！为了让酒会后的清理工作更顺利，保持屋子的干净是第一步。准备一些打包的容器，在酒会结束后给客人打包一些可以带回家的东西（他们带走的越多，你需要收拾的就越少）。每次都要强迫自己在酒会当晚把屋子打扫干净——趁着兴奋时打扫比第二天在宿醉的状态下打扫好多了。

小贴士：

有一道小小的鸡尾酒会数学题：做多少开胃菜？你目标应该是：每小时为每个人提供的每样食物都要有四五份。买酒的时候，记住这个算式：客人通常会在酒会的第一小时喝 2 杯酒，之后每小时喝 1 杯。每瓶葡萄酒大约可以倒出 7 杯酒，每瓶香槟酒可以倒出 6 杯酒，一瓶烈酒大约能制作 12 杯鸡尾酒。你要保证每人可以喝 2 杯酒，如果你有 10 位客人，一定要准备 20 杯酒的量。

专业提示： 奶酪板可以与任何主题的美食派对搭配，而且几乎被所有人喜欢。在家里准备奶酪板，当客人饿了，它就是最棒的东西。但不要把它放在主餐桌上，奶酪板单独放时效果最好（可以放在酒水旁边，或者壁炉前的咖啡桌上）。有关如何摆出一盘适合分享到"照片墙"的奶酪板，参阅第 185~187 页。

布置一张漂亮的餐桌

"如果餐桌很漂亮，即使食物不完美，人们也会很享受。食物不是最重要的，在你家里一起坐下吃饭的亲密体验才是最重要的。"

——利兹·柯蒂斯

1. 想一个主题——可以是任何主题，比如精心制作的意大利盛宴或"蓝与白"都可以。

2. 铺亚麻制品。一般铺上桌旗就行了。要是桌子的样子看上去不合心意，就先铺一块桌布，然后在上面加一块桌旗。

3. 放餐巾。用餐巾布——这是一种简单、不贵又不会被忽视的装饰。试试这个方法：将餐巾的两边向中间折叠，这样餐巾就会变成一个长方形，将它垂直放置，折叠面朝下，放在每个座位前面。餐巾顶部接触桌旗或与桌旗重叠，底部可以稍微垂到桌边。

4. 把盘子放在餐巾上。先放主餐盘，然后在上面放沙拉盘（如果你真的很热情，准备上一道汤，那就把汤碗放在沙拉盘上面）。

5. 放刀、叉、勺等餐具。把叉子放在左边（沙拉叉放在外面，餐叉放在盘子旁边），刀和勺子放在右边（勺子放在刀的外面，刀锋朝向盘子）。如果你有一把甜点勺或甜点叉，或两样都有，把它们水平地放在盘子上方，叉柄朝左边，勺柄朝右边。不过，别把餐桌挤得满满当当——如果你不准备上某道菜，就不要放相应的餐具。

6. 把玻璃器皿放在餐盘的右边以及刀和勺子的上方，确保其中有一个水杯。如果你需要放更多杯子，可以把水杯移到盘子的左边。如果你想烘托节日气氛，香槟酒杯是不错的装饰，只要你家的香槟酒杯足够多。如果你打算在客人就座后祝酒，可以提前倒一小杯香槟酒。关于**如何祝酒，参阅第191~194页**。否则，提前倒酒会使香槟酒变热，并有可能导致浪费。

7. 给烛台插上高高的锥形蜡烛，然后将其均匀地分布在餐桌中心（如果你用两个烛台，应该把它们放在中心装饰品的两边），再分散摆放几个烛杯。在客人到来之前，点燃蜡烛是你要做的最后一件事，这样吃完饭前蜡烛就不会完全熔化。

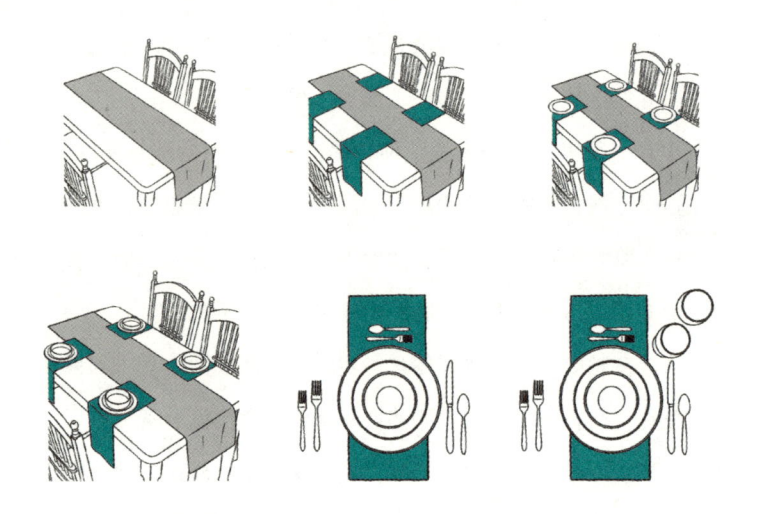

8. 摆放的花要简单、低矮，不能挡住客人的视线。你可以自己插花（关于插花，参阅第178~180页），甚至可以买些小型植物放在餐桌中间。让客人在离开时把它们带回家吧！

专家：

利兹·柯蒂斯是Table + Teaspoon的创始人，Table + Teaspoon是一家豪华餐桌布置租赁公司（该公司会把你为了热情招待客人所需要的全套装备都送到你家门口，其服务范围遍及全美国。酒会结束后，你只需要把餐桌上的所有摆设直接放进送货的盒子里，然后快递回去）。

讲解：

亚麻制品是餐桌的基础。桌旗以一种简约而不简单的方式为餐桌添加底色。自助餐餐巾布可以在网上订购，每块约为 1 美元，有多种颜色可供选择。把它们放在盘子下面，则是另一种增强餐桌立体感和质感的方法。如果你想用餐巾环，就把它们放在盘子上（利兹不喜欢把折叠的餐巾放在盘子的左边，因为餐巾上只放几样餐具会让人感觉不协调）。餐桌上有的人知道餐具的恰当位置，所以这一步要注意，但你也可以尝试把餐具错开摆放，使它们看上去更有趣。叉子放在左边，也可以把一个叉子摆在低于另一个叉子约 2.5 厘米的地方，然后按照同样的方式摆放刀和勺子。不同高度和形状的玻璃器皿使烛光能反射在更多的玻璃表面上（这就是你需要使用两种不同高度的蜡烛的原因）。在客人坐下之前，一定要把水杯倒满（这会鼓励他们在喝其他东西的间隙喝点儿水）。

有趣的事实： 刀锋向内的原因如下。很多餐桌礼仪都是在盎格鲁–撒克逊时期形成的，那时人们会带上自己的刀具去进餐。这些刀非常锋利，如果你把刀锋对着身旁的人，这会被认为是一种挑衅行为。（晚宴时谈谈这个怎样？）

关于音乐：

电影配乐是晚宴背景音乐的绝佳资源。《辣身舞》的音乐最适合有趣的夜晚，《加勒比海盗》或《盗梦空间》中汉斯·季默创作的配乐更为复杂多样，而《绝代艳后》则会给晚宴带来超酷的气氛，使大家情绪高涨。

在花瓶里插花

"插花采用平衡和整齐的基本设计原则,这意味着花不是随意摆放的,你要考虑花的插入顺序、质地、反差和比例。"

——凯蒂·哈特曼

1. 选择你的花瓶(确定花的大小和数量时,要注意花瓶的大小和形状)。
2. 开始插花之前,你需要有一个大致的想法——花是紧密矮小的,还是稀疏高大的?把它摆在哪里?
3. 找一块干净的工作空间,确保有足够大的地方摆放花、剪刀和花瓶。把垃圾桶拿过来,这样你就可以用刷子把垃圾扫进去(或者干脆在垃圾桶上方剪花茎)。
4. 将新鲜的冷水倒入花瓶中四分之三的位置。
5. 拆开花的包装,扔掉枯死或枯萎的部分(也可以扔掉那一小包化学药品)。
6. 用手或剪刀除去花径上的叶子(浸入水中的叶子会更快地滋生细菌,使花腐烂)。
7. 把花拿到花瓶旁边(把花茎的底部放在台面上),看看你想把它们修剪到多短(这取决于你准备把花插成什么造型,剪得越短,它们靠得越紧)。

8. 斜剪花茎，这样花就有更大的吸水面积（如果花是从杂货店买回来的，那么它们可能已经有一段时间没被修剪了）。
9. 如果要用绿植，就先把它们放在花瓶里，使茎枝交叉放置并形成一个网格，这样你可以把焦点花卉靠在上面（如果你插的是同一品种的花，就先交叉放置几根花枝）。
10. 将花枝按照每三枝一组放置——有些应该向外拱，有些则要插在靠近花瓶瓶口的地方（如果不是 360 度插花，也就是说花瓶会靠墙摆放，那就把最漂亮的花放在花瓶的前面和中心位置）。
11. 有空隙的地方用剩下的小花枝填充。
12. 后退一步，看看是否需要增加花枝或重新安排花枝的位置。
13. 每天换一次水，每隔一天剪一次花茎，以延长花的寿命。

专家：

凯蒂·哈特曼是洛杉矶一家活动花艺商务公司 Floral Crush Studio 的创始人。她的客户包括有线电视网络媒体公司、劳力士公司、"网飞"公司、美国全国广播公司和脸书（现为元宇宙）公司。

讲解：

合适的花瓶使插花的过程更容易、更令人愉快，而且能很好地展示花卉。例如，把牡丹花插在一个宽花瓶里看起来很棒，它们可以充分展开，炫耀自己的花朵有多大。如果你家的天花板很高，你需要一个高高的花瓶和有一定高度的花；如果你想在卧室里放花，可以在床头柜上放一小瓶花（只要你确定自己喜欢花的香味）。单一品种的花很适合打造现代风格，也很简约，既简单又会立即给房间增添色彩（把花茎剪短，使花朵正好位于花瓶顶部，然后把它们紧紧地捆起来）。如果你想花看起来更加灵动，就把花茎剪成不同的长度，把一些花枝放在靠近瓶口的地方，另一些则放得高一些，将人们的目光吸引到更高更靠外的地方。"焦点花卉"是你花最多钱购买的更大、更漂亮的花朵，所以你应该希望它们大放光彩。你的确需要一块空白空间——这会让花更显眼——但要保证留白看起来是有目的的。千万不要一开始就把花茎剪得太短，因为你可能需要把花朵调整到更高的位置！

专业提示： 选择花时，要确保花瓣是结实的，而不是软绵绵的。春天的丁香、初夏的牡丹、初秋的大丽花、冬天的朱顶红，都是万无一失的选择。马蹄莲也很适合放在家里，因为它们很优雅，而且花期很长。绣球花在大型插花作品中非常漂亮。当你拿不准时，单色永远是时尚的。

买一瓶价廉物美的葡萄酒

"关键是知道你喜欢什么——哪怕用几个词语描述你所喜欢的味道、香型或土质，都有助于别人引导你选择你喜欢的葡萄酒。"

——阿莉莎·维特拉诺

1. 问问自己买这瓶葡萄酒的目的何在：吃饭时喝？作为清淡的开胃酒？只是为了喝酒？
2. 花点儿时间想想自己喜欢什么类型的葡萄酒：浓郁的红葡萄酒？有酸味的清爽白葡萄酒？
3. 如果你是为朋友买葡萄酒（或者和朋友一起喝），也要了解他们喜欢喝什么类型的。
4. 径直走到最近的售货员那里，他品酒的时间远远超过你，并且随时准备帮助你。
5. 告诉他你通过第1—3步得到的答案，以及你的预算。
6. 保持开放的心态。通常情况下，来自鲜为人知的葡萄和葡萄产区的酒价格较低，但同样美味。
7. 问问售货员推荐什么。他们的工作就是品尝各种不同的葡萄酒，会更加了解店里的葡萄酒，包括隐藏的宝藏酒。
8. 如果你需要马上买一瓶白葡萄酒或桃红葡萄酒，可以看看店内冰箱里现成的酒。

专家：

阿莉莎·维特拉诺在葡萄之友网站和她那深受欢迎的"照片墙"账号@grapheriend上撰文。她拥有美国品酒师协会颁发的葡萄栽培和葡萄酒酿造以及葡萄酒盲品鉴定资质。更重要的是，她真的很喜欢葡萄酒。

讲解：

走进一家葡萄酒商店之前，你应该大概了解自己喜欢什么类型的葡萄酒，它用于什么场合，以及你的预算。这会让买酒的过程变得容易得多。不确定自己喜欢什么？那下次你在酒吧或外出就餐点葡萄酒时，对于你要在其中做出选择的两三种葡萄酒，每种要一小口尝尝。当你同时比较几种葡萄酒的时候，你可以更容易地找到方向，确定你喜欢的葡萄酒的关键特点。到了商店，不要羞于寻求帮助（即使是在布满灰尘的葡萄酒商店，工作人员也品尝过店里许多或所有的葡萄酒，他们可以引导你找到正确的方向）；否则，你会因不知选哪种葡萄酒而四处徘徊、浪费时间。而且要小心，不要被那些你知道的名字吸引——纳帕谷赤霞珠葡萄酒和索诺玛霞多丽葡萄酒往往不是性价比最高的，因为人们通常会为他们熟悉的名字支付更多的钱，这些葡萄酒的价格也经常上涨。如果你品尝了一款新葡萄酒并且很喜欢它，不妨给酒瓶上的标签拍张照片，这样下次你就能记住它了（最好知道这些：一般来说，美国葡萄酒以葡萄品种命名——霞多丽、白苏维翁、赤霞珠；而法国和意大利葡萄酒则以葡萄产区命名——夏布利、桑塞尔、勃艮第）。

小贴士：

身边没有人可以帮忙？如果你想买白葡萄酒，白苏维翁是一种很好的葡萄，通常你可以在白苏维翁酒中找到一款价格适中的。不过，与其买法国的葡萄酒（比如桑塞尔葡萄酒），不如试试新西兰甚至南非的葡萄酒——它们很美味，价格一般在 15 美元左右。不要喝意大利风格的灰皮诺葡萄酒，阿莉莎说"它的味道常常像葡萄酒味的水"（我绝对赞同这一点），试试法国风格的灰皮诺或白皮诺。它们使用的是同一种葡萄，但制作风格不同，而且有更浓的苹果味（俄勒冈州的灰皮诺非常好）。如果你想买红葡萄酒，可以选择阿根廷的马尔贝克，这是一种顺口但浓郁的佐餐酒，或者选择俄勒冈州的黑皮诺葡萄酒。如果晚上准备喝起泡葡萄酒，普洛塞克（意大利起泡葡萄酒）是不错的选择，有桃子味，很好喝。你也可以选择克雷曼，它的制作方法与香槟酒相同，是葡萄酒界的高度机密之一。

给多层蛋糕涂糖霜

1. 待蛋糕冷却到室温后，放到冰箱里（仍放在烤盘上）冷藏 20 分钟。
2. 确保你的糖霜达到室温，并留一杯放在小碗里。
3. 把蛋糕从冰箱里拿出来后，移去烤盘上的蛋糕层。
4. 把蛋糕层放在一个平面上，检查蛋糕是否因为有圆顶而无法叠放。必要时，用一把有锯齿的长刀将顶部切平。
5. 将你留出的糖霜在蛋糕盘中央放一小团，然后把蛋糕层叠起来，切边。别忘了在蛋糕层之间涂上糖霜。
6. 把剩下的糖霜涂满整个蛋糕——这是蛋糕的"碎屑外套"，它能化腐朽为神奇。
7. 用一把刮刀（干净、便宜、仅用于此目的的）刮平蛋糕周围的糖霜

（里面会有碎屑，没关系）。

8. 把蛋糕放回冰箱，冷藏 20 分钟。
9. 将蛋糕从冰箱里拿出来，用剩余的糖霜在蛋糕上涂最后一层。

专家：

达夫·戈德曼是一位著名的西点总厨，也是美食节目《蛋糕之王》《儿童烘焙大赛》的明星，著有《达夫烘焙》和《超级好的儿童烘焙》。

讲解：

成功地给蛋糕涂糖霜，就是要做好每一步，直到你成功抹上最后一层糖霜外衣。蛋糕冷藏后，里面的脂肪（黄油、油脂）会凝固，使整个蛋糕变得更坚固，这样蛋糕块就不会随着糖霜脱落——糖霜主要是脂肪，如果你把它放在一个温热的蛋糕上，它就会融化。室温下的罐装糖霜是不错的选择，但是如果你自己做了糖霜（很有必要）并放在冰箱里，趁冷藏蛋糕的时候让它恢复室温（达夫在这一步使用喷灯，但你可以把装有糖霜的碗放在一壶开水上，或者放在台面上 1 个小时左右）。即使有了冷藏步骤，蛋糕还是会有一些碎屑，因此必不可少的"碎屑外套"层就是为了解决这个问题（在一只单独的碗里放一点糖霜，这样你就不会弄脏装糖霜的碗——如果使用从商店买的糖霜，你可以再开一罐）。蛋糕再次冷藏后，"碎屑外套"会更加坚固，最后一层糖霜将很容易涂开——如果你想让蛋糕呈现特别光滑的外观，就再使用刮刀。

专业提示： 如果蛋糕的边缘变成棕色，不要惊慌。人们担心蛋糕烤过头了，但这能提升蛋糕的风味，同时使它有更好的稳定性。蛋糕颜色越深，边缘越硬，越容易涂糖霜（如果你用的是盒装配料粉，那么其中所含的大量工业原料可防止它变干）。

摆出奶酪板

1. 把奶酪放在板上——准备各种类型（绵羊、山羊、奶牛）或者各种质地（软、硬、鲜）的奶酪——然后放几个在盛蘸料的小盘子里。
2. 摆放肉的时候，把萨拉米香肠一折四，硬香肠切成薄片，意大利熏火腿撕成小块，整齐地放在奶酪旁边。
3. 添加果蔬产品（胡萝卜、黄瓜、浆果、干果甚至腌黄瓜），把它们放在"果蔬池"里或堆放在板上的不同区域。使用小盘子盛放浸在卤水中的食物。
4. 放酥脆食物——薄脆饼干、烤面包片、坚果、薯条、椒盐脆饼。在奶酪和肉之间的空隙里堆放一些坚果或分散放置一些饼干（在旁边放一盘备用饼干）。
5. 把你准备好的蘸料——无花果酱、蜂蜜、果酱、鹰嘴豆泥放在空的小盘子里。
6. 最后放点儿装饰品——新鲜的小枝百里香、迷迭香、薰衣草甚至可食用的花朵。

专家：

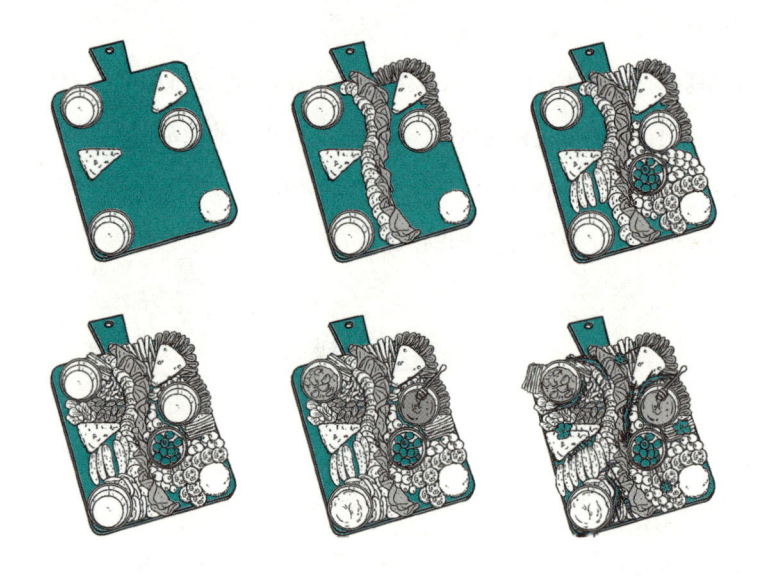

玛莉萨·马伦是奶酪板领域的一名意见领袖（是的，这是一件大事），也是"照片墙"账号@thatcheeseplate和介绍摆盘方法的账号@cheesebynumbers的创建者，著有《奶酪盘会改变你的生活》（剧透预警——它真的会改变生活）。

讲解：

玛莉萨的"以多取胜的奶酪摆盘法"指的是你可以使用手头上的任何原料，通过以上6个基本步骤使它们赏心悦目：奶酪、肉、果蔬、酥脆食物、蘸料、装饰品。奶酪是最先摆放的，然后围绕它们放置较大的食物。提前切好比较硬的奶酪，这样吃起来更方便（没人想用那些小奶酪刀费劲地切奶酪）。你希望所有食物都方便拿取，这也是你把肉折叠起来的原因。摆放果蔬的步骤能够给奶酪板添加色彩，所以要选择各种各样的水果和蔬菜。装饰品会在最后为奶酪板增添一抹亮色，使整个奶酪板比一盘基本的开胃菜更具有艺术性（完全可以肯定，一块漂亮的奶酪板就是一件艺术品）。你可以提前摆好奶酪板，然后用塑料薄膜包起来，再放在冰箱里（先不要放酥脆的食物，以免它们受潮）。在上菜前1小时把奶酪板拿出来，这样奶酪就可以恢复到室温，这时味道也是最好的。

小贴士：

增加一条"萨拉米香肠河"。 玛莉萨创造"萨拉米香肠河"这个词来形容她的摆盘风格，即在奶酪周围蜿蜒地叠放肉制品，以增强口感和动感。使用预先切片、包装的萨拉米香肠，每片香肠一折四——把折叠的部分叠放在你的手上，并稍微用力压一下。叠出五六片的时候，把它们放在奶酪板上，然后继续往上添加，直到出现一条贯穿盘子的长线，通过将线条推成一两条曲线来塑造出流动的形状（你操作的次数越多，做起来就会越容易，而且你可以用任何类型的肉制品来做）。

像专业人士那样打开葡萄酒

1. 从地窖或冰箱里拿出葡萄酒，熟悉一下酒瓶顶部的一圈凸起部分

（盖在瓶口上的箔纸称为瓶封）。

2. 如果酒瓶闪闪发亮或发白，就擦掉上面所有的冷凝水珠，这样你拿它的时候就不会滑了。

3. 把酒瓶放在桌子或台面上，拿起你的开瓶器（如果你还没有开瓶器，那就买一把酒刀——这种简单的开瓶器有两根杠杆和一把刀，很便宜，到处都能买到）。

4. 打开开瓶器上的刀。一只手紧紧握住瓶颈，用你惯用的那只手拿刀小心地沿着瓶口凸起处的下沿划开前面半圈箔纸，再绕到瓶口后面划开后面半圈，直到整圈箔纸都完全割开。

5. 把瓶封顶部剥下来，放进口袋或垃圾桶。

6. 找到开瓶器的螺旋钻头——把你的食指抵在钻头尖端上，然后把尖端放到瓶塞的中心位置，倾斜着向下插，这样就可以正好把它拧进

瓶塞的中心。

7. 用你惯用的那只手继续把螺旋钻头往瓶塞深处拧，另一只手仍要保持酒瓶稳固，直到只能看见钻头的最后一圈螺旋环（或梯级）。
8. 确保开瓶器顶部的杠杆摆正位置，正对瓶口——如果它是斜的，你可能会拧过头或拧不到位，所以要相应地调整好。
9. 将顶部的杠杆放在瓶口上，用你握住酒瓶的那只手按住开瓶器和瓶颈，用你惯用的那只手轻轻地向上拉，直到下面一根杠杆能够碰到瓶口。
10. 将第二根或下面一根杠杆锁定在瓶口上，然后向上拉动开瓶器，必要时，轻轻地左右摇动，直到瓶塞滑出。
11. 用纸巾或餐巾擦拭瓶颈的内部（有时会有细小的沉淀物或酒石粘在那里，你应该不希望它们出现在你的酒里）。
12. 在餐厅里，侍者会把瓶塞交给客人，让客人鉴别葡萄酒，但你可以跳过这一步，直接喝。

专家：

劳拉·马尼克·菲奥万蒂是一位品酒大师，也是美国纽约市和夏洛特市 Corkbuzz Wine Studio 的联合创始人。

讲解：

开葡萄酒瓶的过程不复杂，但花点儿时间完成每一个步骤非常重要——否则整个过程会很尴尬，也更难完成。人们在使用标准的开瓶器时常发生以下三种错误。(1) 没把开瓶器放直，这样会弄碎瓶塞的侧面，使瓶塞断裂、卡住，或者使碎屑掉落到葡萄酒中。(2) 没有将杠杆摆正位置，这样在你拉开瓶器的时候它会从瓶子上滑下来，导致你打到自己的脸。(3) 向上拉第二根杠杆时，速度太快、力度太大，导致瓶塞断裂，并且断裂的那一块可能很难拔出。但是，劳拉说："记住，一天下来，无论发生了什么，如果你能给自己倒上一杯葡萄酒，那就是成功。"

品尝葡萄酒

1. 看。
2. 转。
3. 闻。
4. 抿。
5. 搅。

专家：

莱斯莉·斯布罗科是获得"詹姆斯·比尔德奖"和"艾美奖"的葡萄酒专家、《今日》节目的常客、《简单而睿智的葡萄酒指南》的作者。她每周通常要品尝50~100种葡萄酒（是的，她会吐）。她的节目《100天，饮料、菜肴和目的地》曾在美国200多家公共电视网播出。

讲解：

你会情不自禁地先看看葡萄酒的颜色和清晰度——拿着酒杯与一张白纸或桌布对比一下。把酒杯平放在桌子上，通过将杯底打小圆圈来转动酒杯。这样会让葡萄酒的芳香和味道释放出来，你也能更好地闻酒（它被困在酒瓶里很长时间了，需要呼吸）。如果葡萄酒真的粘在酒杯的侧面（并且有如"腿"一般的酒痕慢慢流下来），它可能是甜酒或酒精含量很高的酒。做到先闻后尝，因为你的鼻子是辨别所有味道的强大工具。最后，舌头上的不同部位会品尝到不同的味道，所以让葡萄酒在你嘴里移动可以让它完全覆盖你的味蕾，这样你就能品鉴多种成分。但这并不是漱口，只要把一小口葡萄酒含在嘴里，然后微微张开嘴吸气，空气就会轻轻搅动你嘴里的液体。

专业提示： 在美国，我们喝的白葡萄酒往往温度太低，喝的红葡萄酒则温度过高。当白葡萄酒的温度过低时，味道就不太明显。如果你把葡萄酒倒进酒杯时，它像啤酒那样瞬间使酒杯的侧面结霜，这就表明它太凉了；在品尝之前，用手捂住酒杯，快速温一下它。同时，红葡萄酒如果保持在十三四摄氏度的酒窖温度，就可以软化烈性或高酒精度葡萄酒，使其更清爽。在上酒前1小时，把常温红葡萄酒放进冰箱。

来一段很棒的祝酒词

"诚恳、简短、就座——罗斯福所说的祝酒词的这三个要点如今依然适用。"

——玛格丽特·佩奇

1. 让观众做好准备。请他们在酒杯里倒些酒，站起来，和你一起举杯（如果你和几个朋友出去吃饭，没必要让每个人都站起来，但一定要示意你要祝酒，这样大家就可以倒酒了）。
2. 先考虑观众再考虑内容。是工作需要吗？那里有孩子吗？可否用粗俗的词？
3. 确定祝酒的目的。是要欢迎所有人吗？是为某个场合举杯庆祝吗？是感谢招待你的主人吗？确保你所说的话与你祝酒的目的有关。
4. 祝酒词要简短（祝酒时间应该在2分钟之内）。
5. 介绍一些背景信息——如果别人不认识你，你可以先介绍你自己，和别人或事物建立联系，表明或提示你们为何会聚在一起。
6. 别试图搞笑，除非你是个风趣的人。
7. 别说一些观众不知道的内幕，你要让他们获得参与感（观众比内容重要，宝贝）。
8. 无论你祝酒的目的是什么（一场生日会、赢得一位新客户、一个很棒的奶酪盘），都要对这件事的未来表达祝愿（未来身体健康、生意遍及全球、希望下次能增加一条萨拉米香肠河）。
9. 练习你的祝酒词。如果可以，把它背下来（如果你写出来了，带着便条也没关系，但尽量不要照着读）。
10. 与观众进行眼神交流。在致祝酒词的过程中，找一个注视你的人，看着他的眼睛说话，然后再找另一双眼睛。

专家：

玛格丽特·佩奇是国际演讲会的副主席，国际演讲会是一个非营利教育组织，通过一个全球性俱乐部在线传授公众演讲和领导技能。玛格丽特也是一位礼仪专家，是佩奇企业礼仪公司、超级佩奇指导与培训公司的创始人。

讲解：

一位好的演讲者知道，祝酒时最重要的是观众，而不是自己。这就是为什么背景信息很重要。你正在搭建一个舞台——"我第一次见到利娅时，我们都是实习生"，或者"这个组织成立于1924年"（背景信息可能涉及某件事的过去，祝酒词的结尾处可以展现你对未来的祝愿）。许多关于公众演讲的建议都会推荐你先讲一个笑话，这对那些风趣的人很管用，但并非每个人都很风趣（你知道你是怎样的人）。真实地表现自己，会让人感觉你更真诚，别人也会更容易接受你的话。一定要准备好祝酒词，并且尽量背下来——如果你照着稿子读，很难让一屋子的人集中注意力。而祝酒就是要把大家的注意力凝聚在一起，这就是大家站起来效果更好的原因。

小贴士：

祝酒秘诀：不知道该说些什么？搜索几句励志名言（或者爱尔兰颂

歌）并且背下来，这样你就不会总是"祝大家身体健康"！

三点祝酒礼仪：

- 如果你是被祝酒的人，不必为自己干杯。你只需优雅地看着你周围的人，在他们祝酒时点头即可。
- 祝酒时"以水代酒"完全可以被接受——把水倒进酒杯甚至水杯。这曾经被认为是一种失礼的行为，但现在肯定不是了。祝酒不是为了喝酒，而是为了庆祝一个人、一个想法、一个概念。
- 不要把你的手放在口袋里——那表示你在隐藏什么东西（一些肢体语言专家说这是你有金钱问题的征兆）。

关于眼神交流：

"如果你抬头看，那是臭氧层；如果你往下看，那是禁止区；如果你直视前方，那是前进区。"这是国际演讲会的一首小诗，提醒你要注意眼神交流。先看坐在一边的某位观众，然后看另一边的某位观众，即一次和一个人进行眼神交流。这是我们和他人说话的自然方式，坐在他们周围的人都会感觉到。

做介绍

1. 根据地位而不是性别或年龄介绍他人。所以先说出最重要的人的名字，"碧昂丝，我想让你见见埃丽卡·史密斯"。在生意场上，应该先介绍客户、嘉宾或访客，他们的地位高于老板或同事。

2. 当你正在做介绍时，你要看着他们并清晰而自信地说出他们的名字。
3. 尽量在说出每个人的名字时介绍一些有关他们的信息（这可以作为谈话的开场白——"碧昂丝刚刚赢得了她的第四百个'格莱美奖'，埃丽卡是一名中学合唱团老师"）。
4. 如果介绍同等地位的人，就从年长的那位开始。
5. 当把某个人介绍给家人时，你应该先说出那个人的名字："碧昂丝，这是我爸爸，约翰·扎米特。"

专家：

帕特里夏·罗西是一名礼仪教练、国际主题发言人和美国全国广播公司日间节目的全国礼仪记者。她的节目《礼仪时刻》每周在美国全国广播公司、哥伦比亚广播公司、福克斯广播公司和美国广播公司等多家电视台播出。她是推特（Twitter）的头号礼仪专家，也是《日常礼仪：如何应对101种常见和不常见的社交场合》的作者。

讲解：

得体地介绍别人，可以展示出一个人的专业性和可信度。能轻松介绍他人，会增强你的商务意识，提高你的自信心，同时显示你的洞察力和对他人的尊重。这也是为什么你先介绍最重要的人就永远不会出错——这是自然顺序，它显示了敬意和尊重。眼神交流永远是关键。

任何人都不想看到那些低头看手机的人的头顶。集中注意力，给予一段介绍应有的尊重。

小贴士：

当你介绍自己的时候，站起来面向对方，进行一下眼神交流，先说你的名字，然后立即说出你的名和姓。"你好，我是埃林——埃林·拉迪。"这样别人就能听两次你的名字。

迎接或介绍一位你不记得名字的人

1. 实话实说。"天哪，我脑子里一片空白，请提醒我你叫什么名字。"
2. 马上说一个细节，即你以前在哪里见过对方（如果你还记得）："我知道我们在××地方见过。"
3. 当对方说出自己的名字时，你说"是的，××"，重复对方的名字。
4. 把你的全名告诉对方。

专家：

黛安娜·戈特斯曼是美国礼仪专家，也是《现代礼仪让生活更美好》的作者。她是得克萨斯州礼仪学院的创始人，这家公司专门从事行政领导力和商务礼仪培训。

讲解：

你可能认为你应该先说出自己的名字，进而促使对方说出他们的名字，从而避免尴尬，但往往事与愿违。要是他们说"是的，我知道你是谁，我们见过很多次了，嘿，埃林"，你该怎么办？你就更难知道他们的名字了。真诚地承认你不记得对方的名字，才是更好的方法。告诉对方你们以前在哪里见过面，表明你记得对方，只是不记得他们的名字。重复对方的名字以示尊重（也有助于你记住他们的名字——有关记住别人名字的最佳方法，参阅第 251~253 页）。

小贴士：

好吧，但是如果他是你表妹的男朋友，并且你们已经见过很多次了（对不起杰森……还是乔希），或者他是一位你应该记住的客户，怎么办？如果在他们走近你之前，你已经发觉自己不记得他们的名字了，就直奔附近的人，不动声色地求援（仿照《穿普拉达的女王》中梅里尔·斯特里普和安妮·海瑟薇的表演）。否则，你就要快速地跳过打招呼环节，谈谈其他的事情——"今天真美好，不是吗？还有人口渴吗？"但是不要猜，不要问，也不要撒谎。一旦你从那个人身边走开，马上找人询问他的名字！

挑选一份给男主人或女主人的礼物

1. 问问自己:"这个人经常招待客人吗?他们真的喜欢招待客人吗?"
2. 如果这个人不喜欢招待客人,那他还喜欢做什么?(不是每一位男主人、女主人都需要一份常见的礼物。)
3. 考虑一下你的预算(即你决定花多少钱买一份礼物,这也取决于你和这个人的熟识程度)。
4. 考虑一下场合:你是要去度过四月里的一个休闲的星期六夜晚,还是以龙虾和香槟为主的新年夜?根据不同的场合赠送合适的礼物。不过,没有必要过度准备,即使是十几美元的礼物,也很棒,收礼人一定会感激你!
5. 如果是一场大型派对,就不要带鲜花。有时候,带鲜花会让女主人不得不多做一件事:一边去开门和招待客人,一边忙着找一个装水的花瓶!不过,你可以在派对后的第二天把它们送过去,如果你忘了给女主人带礼物,这种做法尤其有效;或者把鲜花放在已经装水的容器、花瓶、器皿中,然后放在最合适的地方。
6. 如果你准备送一瓶葡萄酒,先要确定男主人或女主人喝葡萄酒,并且要做一些调查,了解他们最喜欢的种类。有关如何购买葡萄酒,参阅第180~183页。
7. 考虑送一些意想不到的和有趣的礼物:一包新鲜出炉的曲奇饼干,早餐咖啡和糕点,配上优质奶酪的一条新鲜面包(只需清楚地说明这是一份礼物,而不是你希望他们马上端上桌的东西)。
8. 礼物的包装可重复利用(用餐巾布包住面包——最后用麻线扎紧,

或用一只杯子装一小株多肉植物）。有关如何包装礼物，参阅第 200~203 页。

9. 买一些额外的备用礼物，以便最后一刻受到邀请时用上：漂亮的蜡烛、与众不同的鸡尾酒餐巾、有趣的杯垫。

专家：

乔伊·秋是时尚生活品牌和设计工作室"Oh Joy!"的创始人和创意总监，该品牌与塔吉特、邦迪、佩特科等品牌合作，制造了很多特许产品，包括家庭装饰用品、儿童用品、宠物用品、家具系列用品。乔伊连续两年被《时代》周刊评为"互联网最具影响力 30 人"之一，并在 Pinterest 网站上拥有近 1 300 万粉丝。

讲解：

从定义上来看，"给女主人的礼物"是男主人或女主人在招待客人的过程中可以使用的东西。有些人喜欢请客，而另一些人只是尽自己最大的努力让朋友们聚在一起，尽量不彻底搞砸整场聚会。关键是你要了解受礼人。如果要给一个不太喜欢招待客人但工作很努力的朋友送礼，一张足部护理礼券可能会对他有很大帮助；如果是家庭聚会，棋类游戏可能是最适合聚会氛围的。你不必为聚会过度准备礼物。真正重要的是你的行动（以及你在第 1 步和第 2 步中考虑到的问题）。当你带去葡萄酒作为礼物时，把它放进礼品袋里，确保主人知道这是留给他们以后喝的，而不是在聚会中招待客人用的（可食用的礼物也一样——你应该不想搅乱计划好的菜单）。

小贴士：

可以在以下时候送男主人或女主人礼物：你第一次被邀请到别人家里的时候（他们刚搬进去或者你们刚成为朋友）；男主人或女主人庆祝一个特殊时刻的时候（新工作、生日、订婚等）；你真想对有机会再次欢聚在别人家里表达感激之情的时候。但是如果你只是去别人家玩玩，而且你已经去过很多次了，就不必为带礼物而感到有压力了，尽管在这种情况下，乔伊经常会顺路走进杂货店，带一些美味的冰激凌去做客——没有一次不受欢迎。

包装礼物

"对包装礼物不要有太大压力。如果你有一堆礼物要包装，我建议你倒一杯葡萄酒，再放点儿音乐。"
——安娜·邦德

1. 准备材料：包装纸、丝带、胶带、剪刀和任何有趣的标签或装饰品。
2. 确保你有足够坚硬且平坦的工作空间——餐桌、厨房台面、地板。
3. 你认为需要多少包装纸就展开多少，然后把礼物最宽的一面放在包装纸边缘上。将礼物朝包装纸卷的方向翻转，使礼物的每一面都碰一次包装纸。

4. 再多留约 2.5 厘米的包装纸，让它超出礼物盒的边缘，然后把纸从纸卷上剪下来。
5. 将礼物正面朝下放在这张包装纸的中间，用纸包住礼物，一边包一边沿着礼物盒的边沿压出折痕。用一段胶带将礼物盒固定在包装纸的中间位置（用胶带把纸贴在一起，而不是把纸贴到礼物盒上）。
6. 修剪礼物盒上还没包起来的纸，留下的纸足够折叠到盒面一半位置即可（留太多纸的话，很难折出清晰的棱角）。
7. 把纸的顶部向下折，把两侧的纸沿着对角线压出折痕。像信封一样把两侧的纸向内折，然后把底角向上折（如果折出来不好看，就把底角的边缘折出清晰的折痕）。用一段胶带固定上下两端。换另一面重复同样的动作。
8. 加上丝带。先不要剪断丝带，以免不小心剪得太短，而是把它绕着礼物盒包起来。蝴蝶结要简单（即易于解开），将丝带的末端剪出斜角。

专家：

安娜·邦德是步枪纸业公司的联合创始人和首席创意官，该公司是一家总部位于佛罗里达州温特帕克市的国际文具和时尚生活公司。安娜的手绘插图构成了该公司的经典图案。

讲解：

你需要量好纸张的尺寸，使它刚好盖住你要包装的礼物——用过多的纸包装礼物会让它显得笨重。多余的 2.5~5 厘米可以用来折叠、盖住纸的边缘，然后把两边的纸粘在一起（安娜喜欢这个小技巧，这让包装看起来更整洁）。不要用太多胶带，也不要把纸粘在礼物上，因为这样可能会损坏礼物（而且会让收到礼物的人更难打开包装）。把纸沿着礼物盒的边缘折出痕迹，这会使包装的表面看起来干净整洁。安娜最喜欢的丝带是天鹅绒或棉质的——尽量选择能与任何包装纸图案匹配的颜色。她总是把丝带在包装外横竖各绕一圈。

专业提示： 如果某样东西的形状很奇怪，安娜建议试着用轻薄的纸包起来，并且包装得有趣一些。用包装纸包住一个动物玩偶，在玩偶的上方把纸口收紧，然后用一个巨大的蝴蝶结固定。当然，最好备一些礼品袋，可以把那些难以包装的礼物放进去，让一切变得更容易。确保有足够的绵纸盖住礼物，这样从顶部看不到里面装着什么。然后加上一些蓬松的薄纸，这样袋子看起来是满的。

关于存放包装纸：

存放包装纸应该以实用为主，不必占用太多空间（你不需要一个专用的包装室）。关键是要把你所有的物资都放在一起，方便取用。安娜建议把包装纸放在壁橱里一个高高的篮子里，旁边放一盒丝带、胶带和剪刀（把这些剪刀和胶带与日常使用的剪刀和胶带分开放，这样你就不用每次想包装的时候都要寻找它们了)。把卡片和标签放在单独的盒子里。

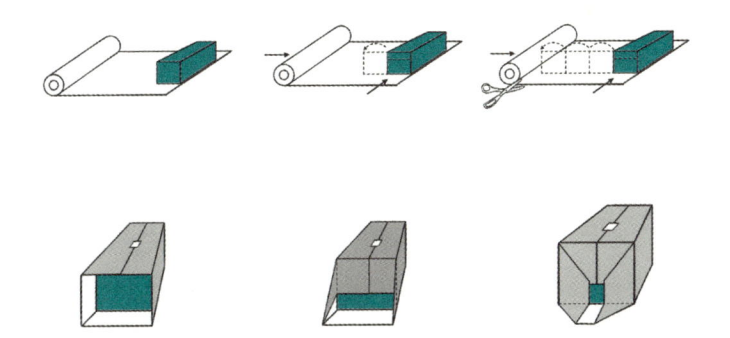

第11章

自我关爱

冥想

"如果你想让身体更强壮,你必须让它动起来,但是如果你想让头脑更强大,你必须让它保持平静。"

——叙译·雅洛夫·施瓦茨

1. 闭上双眼。
2. 注意自己的呼吸,感受它进入和离开身体(把手放在胸部,感受它的起落),让心绪平静下来。
3. 现在不要再想着呼吸了,感受当下:呼吸、听鸟儿啁啾、听孩子们嬉戏……不管是什么样的时刻,请细心聆听。
4. 你察觉到你现在该做什么晚饭,或者纠结于你朋友刚发来的短信,对吧?
5. 列出让你思绪不定的事情——压力、思考、期待的香嫩肉片。

6. 让你的思想重新回到呼吸上来，集中注意力，需要的话从第 2 步开始再试一遍，直到你能在第 3 步持续更长的时间。

专家：

叙译·雅洛夫·施瓦茨是 Unplug Meditation 公司的创始人和首席执行官，也是《断电：忙碌的怀疑论者和现代灵魂寻求者的简单冥想指南》的作者（她还开发了"Unplug Meditation"应用程序，这个应用程序展示了 Unplug Meditation 公司的世界级导师的冥想操作指导）。

讲解：

当你的思绪飘忽不定的时候，不要把那些想法推开，否则这些想法只会变得更强烈。相反，把让你分心的事"说出来然后控制它"——必要的时候可以大声说出来（"对不起，香嫩肉片，现在不行"）。然后你只需再次注意自己的呼吸，就可以让你的思想和身体重新回到统一状态。冥想不应该是一件难事，但我们让冥想变得更困难，因为我们认为要达到冥想的状态必须让大脑一片空白，而我们不能——实际上你应该注意到自己的思绪如何游荡，以及大脑中出现了什么想法。这就像一段双人舞，一边关注大脑如何工作，一边只注意呼吸而非想法。如果你能有意识地把自己从思绪游荡的状态带回到正念状态，即使只有短暂的 1 分钟，那么恭喜你，你在冥想！

小贴士：

那么，为什么冥想对这么多人来说如此困难呢？因为我们已经习惯了一直处于思想不集中的状态，所以全天候不间断地使用电子设备和娱乐要比独处容易得多。当然，过度的刺激是我们感到压力和焦虑从而需要冥想的原因。想更清晰、更专注、更周到、更清醒、更有成效？那就每天静坐5分钟。你能行的！每天早晨用一个应用程序和耳机完成你清单上的第一件事（Unplug应用程序里有各种冥想指南，从减轻压力到吃得更健康）。当你逐渐适应冥想的时候，你会发现每次开始忙碌的时候，你都能够真正获得那种平静和专注的感觉。当你早晨做的第一件事是练习冥想，并且没有新的事情让你分心的时候，你其实是在培养一种满足你全天需要的技能。

1分钟内减压

1. 双手放在脸前，竖起两个大拇指。
2. 把大拇指转到水平位置，放在鼻梁两侧，眉骨下方。
3. 用力按压。
4. 慢慢数8~10秒，然后呼吸。
5. 把大拇指放在稍微高于眉毛外侧的地方。
6. 把食指放在大拇指上方大约2.5厘米的地方，彼此稍微相对。
7. 轻轻挤压。
8. 慢慢数8~10秒，然后呼吸。

9. 继续做你手头正在做的事情。

专家:

医学博士穆罕默德·奥兹是哥伦比亚大学的一名外科教授,是畅销书作者,也是"艾美奖"得主——日间谈话节目《奥兹医生秀》的主持人。

讲解:

头部和脸上的压力与紧张感不仅让你感到有压力,而且会损害身体的每一个部位,导致慢性病。你肯定想看看第216~217页的"平静地呼吸",第205~207页的"冥想",以及第238~240页的"怎样不再去想某件事",但做一次快速的头部按摩,是一个超级简单的减压和让脸放松的方法。如果你觉得闭上眼睛更舒服,可以闭上,但是你也可以在公共场合或者任何需要的时候悄悄地做。一定要先洗手再碰脸!

泡一杯茶

1. 把新鲜的过滤水倒入你的烧水壶(不要只是加热煤气灶上的东西)。
2. 把壶里的水烧开。绿茶、白茶和一些乌龙茶需要76摄氏度左右的水(这比沸水要凉得多,沸水温度是100摄氏度),所以除非你用的是带温度计的电热水壶,否则在倒水之前一定要让水冷却到合适的温度。

3. 如果你用的是散装茶叶（显然我们都应该用散装茶叶），测量一下需要放多少——通常是每杯水放 1 茶匙茶叶，但要看一下包装上的说明。把茶叶放进你的茶壶或冲茶器里（大多数茶壶都有内置冲茶器，或者在壶嘴处有一个过滤器，这让浸泡散装茶叶和茶包都变得非常容易）。
4. 把水倒进茶壶，让茶叶浸泡 3~4 分钟（浸泡时间取决于你用的茶叶种类）。
5. 当茶叶正在茶壶里泡的时候，把水壶里的开水倒入茶杯里温热一下茶杯（然后在倒茶之前把水倒出来）。
6. 如果你用的是茶包，就把它放在杯子里，然后把水倒在上面，让它浸泡 2~4 分钟（不要上下拉动茶包）。
7. 喝茶之前把茶包（别挤它）或者茶叶、冲茶器从茶杯里拿出来。

专家：

塔季扬娜·阿普赫提纳是 Teapro 的创始人，Teapro 是一家位于英国伦敦的散装茶叶订购服务公司。订户每个月都会收到一个主题茶盒，里面有关于茶具、独特的茶叶品种以及茶叶的历史、益处和文化的教育资料。

讲解：

茶水主要是水，所以你用的水很重要。使用过滤水，并且总是用新鲜的水——以前煮沸的水会失去氧气，使茶的味道变淡。有些茶叶对高温非常敏感，而有些茶叶则需要用几乎沸腾的水浸泡。根据经验，花草茶需要用开水冲泡且冲泡时间也更长（大约5分钟）；而绿茶如果用太热的水冲泡，可能会变苦。使用散装茶叶时，确保冲泡容器有足够的茶叶膨胀空间（塔季扬娜不建议使用网孔球泡茶，因为它限制了茶叶的膨胀；玻璃冲茶器或有内置冲茶器的茶壶能使茶叶释放出最好的味道）。你使用的大多数散装茶叶都可以再次冲泡——至少三四次。有些茶叶（尤其是乌龙茶）甚至会在你重新冲泡的时候散发新的味道。如果你用的是茶包，就把它放在杯子里冲泡，然后把它拿走——不要上下拉，也不要挤干；当你挤压茶包时，它释放的是浓缩单宁的绿泥，这会使茶变苦（这可能被视为一种失礼的行为）。不要在散装茶中加糖，糖与质量好的茶叶不相配，甚至会削弱茶叶的益处。你也会发现喝散装茶时不需要加糖。如果你真的很喜欢甜味，可以用蜂蜜代替糖。

关于茶包：

买茶包时，要挑你能看到茶叶的茶包——许多纸制茶包含有灰尘，这是最低等级的茶（基本上是残渣）。还要确保茶包的生产商不会在茶包里使用塑料——有些茶包是用含有塑料的材料制成的，这些塑料会溶解在热水中，以致你最终吞下塑料。幸好知道这个！

小贴士：

以下是需要了解的其他茶叶事实。

- 绿茶：其富含的抗氧化物质（含量比红茶高）有助于排出体内毒素。在工作时最好喝绿茶，它有助于提高长期专注力，同时避免有些人喝咖啡后感到心神不定。
- 白茶：茶氨酸是茶叶中的一种氨基酸，能刺激令人放松的神经递质 Y-氨基丁酸的产生，对大脑有镇静作用（白茶中茶氨酸含量最高，这是它令人非常放松的原因）。
- 洋甘菊茶：它是适合睡前喝的茶。甘菊茶能放松肌肉，舒缓神经，帮助你自然入睡，还可以缓解通常由宿醉引起的头痛和恶心。
- 薄荷茶：薄荷具有解痉作用，能镇静肠胃，减少胃痉挛，防止气体积聚。它还可以减轻恶心的感觉。因为薄荷茶不含咖啡碱，你可以在一天中的任何时间饮用。
- 抹茶：抹茶是一种由粉末（通过研磨茶叶制成）制成的绿茶，其抗氧化剂含量最高，对你的免疫力和整体健康状况都有好处。
- 红茶：它是英国最受欢迎的茶，含有茶红素和单宁，有助于抵抗流感，缓解流感症状。

避免生病

1. 吃大蒜（最好生吃——对不起，朋友和家人！但烹煮过的大蒜也会有帮助）。

2. 喝那些增强免疫力的茶，姜茶和药用菌茶是最好的。
3. 把免洗洗手液放在你可以随时取用的地方（办公桌上、包里或车里），但要注意酒精含量必须至少达到60%才有效。
4. 上班前用生理盐水喷鼻子。
5. 碰过东西（电梯按钮、门把手、银行的笔），甚至见了一个打过喷嚏的人，都要洗手。
6. 下午再喷一次鼻子（然后洗手）。

专家：

医学博士穆罕默德·奥兹是哥伦比亚大学的一名外科教授，是畅销书作者，也是"艾美奖"得主——日间谈话节目《奥兹医生秀》的主持人。

讲解：

首先，你必须让自己的身体做好准备，与公共场所——办公室、公共交通工具、电影院等中不可避免的病菌做斗争，然后考虑把已经感染的病菌清除。吃大蒜确实能增强你的免疫系统——它能促进身体产生更多抵抗疾病的白血球——但这并不意味着你必须生吃大蒜。试着把蒜末拌进沙拉酱或汤里，或者做大蒜烤面包（把蒜末和黄油或酥油混合，铺在烤好的法式面包棒上），或者把它加到豆瓣酱、酸奶黄瓜酱里！目标是每天吃一个蒜瓣，每周至少吃几次。茶能激发能量，促进毒素从体内排出。而生理盐水有两种作用：一是在你感染细菌之前把它们冲走，二是防止鼻子变干（鼻子干燥使人更容易生病）。在必要时洗手。洗手一直都是很有必要的——我们在新冠病毒大流行期间了解到一件事，那就是我们触碰自己的脸的次数比我们想象的要多。如果你身边只有免洗洗手液，那也很好，但它不能去除某些病毒，比如诺如病毒，所以你也一定要洗手。你知道洗手要洗 20 秒，对吗？

专业提示：你感觉到哪里不舒服吗？下面教你如何判断是感冒还是流感：感冒症状在几天内缓慢出现，影响你的头部（鼻塞、打喷嚏、喉咙痛），而流感会突然袭来，影响你的全身（疼痛、发烧、胃痛）。说到这里，你有点儿想再洗一次手，是吗？

小贴士：

当你使用公共厕所时，你是不是经常跳过第一个厕位而选择一个离入口较远的厕位？是的！专家认为，人们这样做是为了有更多隐私。但由于第一个厕位使用频率最低，因此它的细菌含量最低。不可思议！不要跳过第一个厕位，为了避免可能的感染，选择它吧。

小睡片刻

"最重要的是不要想太多，不要因为想要（或者没能）完美地小睡片刻而感到压力。我们有几个健康微步骤，它们都是有科学依据、既微小又不会失败的改变，你可以立即将其运用到日常生活中，以获得更好的睡眠，这也可以让自己好好地小睡片刻。"

——阿里安娜·赫芬顿

1. 把房间变成一个黑暗的睡眠庇护所。一旦你准备睡觉，就把灯光调暗，拉上窗帘。
2. 消除房间里不必要的噪声。声音是影响睡眠最简单、最直接的障碍之一。找出任何不受欢迎的噪声源（从你的电子设备开始），把它们拿出房间或者把它们调成静音。
3. 保持房间凉爽（18~20摄氏度）。把温度控制器设置为你喜欢的凉爽温度。研究表明，体温即使只下降一点儿，也会向大脑发送启动睡眠的信号。
4. 使用任何有助于睡眠的东西。如果你经常利用辅助用品睡觉，比如眼罩和白噪声，那么当你给身体发出它经常得到的睡眠提示时，你可能会睡得更好。
5. 冥想可以帮助你更好入睡——深呼吸几次，你的思绪就会平静下来，让你更容易进入睡眠状态。喝几口甘菊茶或薰衣草茶也可以帮助你平静下来，让你进入睡眠状态。你可以在感恩日记上写下几件你感激的事情，不再去想一天中让你忧虑的事情。一天结束后，很多人发现这种方法在临睡前非常有效，其实它在白天小睡前也有同样的功效。
6. 但最重要的是，一旦你意识到自己打不起精神了，就要小睡片刻，即使周围的条件并不理想，也要打个盹儿。专家说，小睡的最佳时间是当你疲惫不堪而且能睡觉的时候。

专家：

阿里安娜·赫芬顿，是Thrive Global的创始人兼首席执行官，也是《赫芬顿邮报》的创始人，著有15本书，其中包括《茁壮成长》和《睡眠革命》。2016年，她创办了Thrive Global，这是一家领先的行为变革科技公司，其使命是让人们不再误以为过度劳累是取得成功必须付出的代价，从而改变我们的工作和生活方式。

讲解：

"虽然小睡不能代替晚上充足的睡眠，但科学表明小睡可以提高我们的警觉性、认知能力，甚至增强我们的免疫系统。当你前一天晚上睡眠不足时，小睡能起到很棒的作用。如果你睡眠充足，就不需要小睡了！"

——阿里安娜·赫芬顿

专业提示：小睡时间太长会让你产生"睡眠惯性"，如果你需要什么帮助你醒来，设置闹钟是个好主意。如果要设置闹钟，你应该用机械闹钟，这样你就可以把手机放在另一个房间里充电——这会帮助你在醒来后像你的手机一样充满能量。美国国家睡眠基金会建议每次小睡的时间为20~30分钟，这有助于让你感觉浑身充满力量并且不会感觉昏昏沉沉。

3分钟内提升能量

1. 通读以下所有步骤,了解这项练习是如何进行的(一开始可能很困难)。
2. 找一个安静、私密的地方坐下。做一个呼吸练习,你吸气的时候会感觉自己的腹部鼓起,呼气时会感觉腹部收缩。
3. 把手机计时器设置为1分30秒,然后闭上眼睛。
4. 用右手拇指堵住右鼻孔,用左鼻孔吸气。
5. 用右手无名指堵住左鼻孔,松开拇指,通过右鼻孔出气。
6. 尽可能快地重复这个动作(左鼻孔吸气,右鼻孔呼气),持续90秒。呼吸会变得很短促。
7. 计时器一响,放下手,两个鼻孔深吸一口气,然后呼出一口气。
8. 轻轻地睁开眼睛,重置计时器为1分30秒,再次闭上眼睛。
9. 用右手无名指堵住左鼻孔,通过右鼻孔吸气。
10. 用右手拇指堵住右鼻孔,松开无名指,通过左鼻孔呼气。
11. 现在,开始加快你的节奏——右鼻孔吸气,左鼻孔呼气,重复做90秒。
12. 当计时器响的时候,两个鼻孔深深吸气,屏住呼吸片刻,然后呼出一口气,闭上眼睛安静地坐一会儿。
13. 注意能量的变化。

专家：

帕尔瓦蒂·沙洛是一位专业的冒险家、演说家和国际公认的瑜伽教师（她拥有哈他瑜伽和昆达里尼瑜伽的高级证书），她参加过三次哥伦比亚广播公司的系列节目《幸存者》（她在第 16 季中赢得了冠军）。

讲解：

这种快速交替鼻孔呼吸法是一种来源于瑜伽教学的练习。它是一种激活生命力的呼吸技巧；当你需要充沛平稳的能量，又不希望咖啡碱给你带来心神不宁的副作用时，这个方法是很棒的。比如，在下午 3 点左右，你的世界变得一片黯淡。当然，这项练习看起来有点儿奇怪（因此要找一个很安静的地方），你一开始做起来可能会很难，所以一定要从练习这些技巧开始（你可能还需要纸巾——我知道，我知道）。还有练习前后要洗手！调息法背后有大量令人难以置信的科学知识，以下这些是有效的做法：如果你在呼吸急促时感到头晕，停下来做几次正常的呼吸。一旦你调整好自己，就重新练习。慢慢地，你可以坚持 5 分钟或更长时间。

自己涂指甲油

"要记住的重要一点是这需要一些练习。如果第一次不完美，不要灰心——如果搞砸了，你可以把它清理干净！"

——米歇尔·李

1. 去洗手间（这样你就不必带着湿漉漉的指甲上厕所了）。
2. 准备好底油、指甲油、亮面甲油、指甲锉刀、眼线刷和丙酮洗甲水。
3. 找一个宽敞、平坦、稳固的工作台面。
4. 清除旧的指甲油，然后锉指甲（朝一个方向锉，以免出现毛边）。
5. 用温热的肥皂水洗手，但不要浸泡——浸泡会导致指甲膨胀，这会影响涂指甲油的过程。彻底擦干双手。
6. 在使用每一种指甲油之前，把瓶子放在你的手掌之间慢慢地滚动几次；如果指甲油出现上下分层的情况，慢慢地把瓶子朝下翻过来，然后朝上翻，但不要摇晃（摇晃会使其产生气泡，你应该不希望指甲上出现气泡）。
7. 涂指甲油的时候，把手肘和前臂放在台面上，把被涂的那只手的小拇指侧面靠在桌子上（这样可以稳定你的手）。
8. 先给一只手涂底油，然后是另一只手。让它晾干 1~2 分钟（不要跳过这一步，涂指甲油需要一个漂亮而坚实的基础）。
9. 把指甲油的刷头从瓶子里拿出来，让刷头上多余的指甲油滴到瓶子里——要在刷头的一侧留一滴指甲油。
10. 把那滴指甲油滴在指甲中心靠近甲小皮的地方，但不要紧靠边缘。把指甲油向后朝甲小皮轻轻推刷，然后向前拉动刷头，在中心涂出一条线。在指甲的左右两边重复这个动作——你的目标是涂出三条线——确保指甲两边和甲小皮之间留一点儿空间。

11. 每一层指甲油都要覆盖指甲边缘,你可以沿指甲边缘小心地刷上少量的指甲油(这是防止指甲油脱落的专业技巧)。
12. 在所有指甲上重复第9—11步,第一只手涂好后晾干1~2分钟,再换另一只手。
13. 当第一层指甲油有点儿干的时候(1分钟还是2分钟取决于指甲油的类型),以同样的方式涂第二层。
14. 使用蘸有丙酮洗甲水的硬毛化妆刷(像眼线笔一样)修复涂得不好的地方。
15. 把亮面甲油涂在所有指甲上,让指甲完全晾干(甲油快干液或风扇有助于加快晾干速度)。

专家:

米歇尔·李是《诱惑力》杂志的主编,这是第一本也是唯一一本专业的美容杂志。2017年,《广告周刊》将其评为"年度杂志",而米歇尔则被评为"年度主编"。米歇尔还是一位资深的指甲艺术迷,她在"照片墙"上发布了她的教程和令人惊叹的创作,并使用"米歇尔指甲"的话题标签。

讲解:

你不必给自己做一次完整的指甲护理,但至少要清除原有的指甲油并且洗手（如果你每个月都要做一次专业的指甲护理，那么在两次专业护理之间自己涂指甲油就更容易了）。涂指甲油之前不要涂护手霜，你需要干净、干燥的指甲表面，这样才能让指甲油持久。洗手时，你可以用一只手的拇指指甲把另一只手的甲小皮向后推，然后用指甲钳或甲皮剪修剪指甲。如果可以，在早上涂指甲油。指甲油在几个小时内不会干透，而晚上你往往不太当心指甲（你的床对没有干透的指甲很不友好）。米歇尔会先给她那只不惯用的手涂指甲油，因为看到一只手涂得好，她就有信心给另一只手涂。用你不惯用的手涂指甲油的一个诀窍是：拿住刷头放在指甲上方不动，在它下面移动你惯用的手（也就是拿刷头的那只手不动，因为那只手可能会抖）。涂得相对薄一点儿——如果涂得太厚，指甲油不容易干，你可能会弄花指甲（薄一些的指甲油干得更快，厚一些的指甲油变干的时间更长一些）。

专业提示： 延长指甲护理效果的头号方法是，不要把指甲当作工具！不要用它们撕物品上的标签，或者打开苏打水罐子，也不要在不注意的情况下就把手伸进包的底部找东西。在你涂完指甲油几天后，重新涂一遍亮面甲油，并且整周都给你的手涂上保湿霜和乳液。

为锻炼做好准备

"你能做的最好的锻炼就是你能坚持的锻炼。"

——利兹·普洛瑟

1. 对自己说"我要锻炼",而不是"我得锻炼"(也就是说,重塑你谈论和思考锻炼的方式)。
2. 把它变成一件没有商量余地的事情。不要说"我想明天去健身房",或者"我准备出去跑步";告诉自己你要去锻炼,在你的日程表上标记锻炼时间,然后行动起来。
3. 前一天晚上把你锻炼穿的衣服放在外面(或者把你的健身包放在门口)。
4. 查看天气状况,并做相应的计划。这对于户外运动来说显然很重要,但即使你开车去上课,合适的装备也会对整个体验产生巨大的影响。
5. 制订一个具体的计划。当你的思绪确实无法保持专注的时候,你在开始锻炼之前就要清楚自己将要做什么,让自己更轻松一些(也就是说,不要只是在健身房里漫无目的地闲逛)。
6. 用音乐激发你的能量,或让你放松下来。在锻炼之前的几分钟,开始听加油歌曲(或轻柔的瑜伽音乐)。
7. 吃100~300卡路里的零食(碳水化合物和蛋白质的组合效果很好,这就是为什么营养棒是个不错的选择)。每个人适合吃的东西有所不同,应根据锻炼的时间段来定,但是吃点儿能让你增加能量的东西是很重要的;试试看什么零食适合你。
8. 不要把时间浪费在你害怕的锻炼上——虽然你的朋友们正在为他们的第一次半程马拉松进行训练,或者他们开始锻炼(加入最近流行的健身项目)后感觉超级好,但这并不代表它也适合你。
9. 在社交媒体上,只关注那些能让你振作起来的健身人士(不要关注那些让你自我感觉不好或者让你感觉有点儿烦的人)。这是你的时间、你的动力、你的灵感,需要用心安排。

10. 提醒自己将来你会很感激自己做了这件事。从来没有人会说:"哦,天哪,要是刚才我没有锻炼就好了。"

专家:

利兹·普洛瑟是全球卫生与健康权威杂志《女性健康》的主编,该杂志在53个国家发行,拥有29个版本。在加入该杂志之前,利兹是SoulCycle健身工作室的内容与传播总监。她跑过10次全程马拉松和至少100次半程马拉松(我没有打错字,伙计们),完成了一次"半铁人三项"。她也有健身私教资质。

讲解:

下次当你生病或受伤(或者隔离),甚至不能出去散步时,记住你是多么渴望运动。锻炼是一种奢侈的体验,人们很容易忘记这一点,尤其当你在清晨6点的一片漆黑中像一只浣熊翻垃圾那样在抽屉里翻找紧身裤的时候(利兹曾经就这样做过)。思维方式很重要——把你的衣服放在外面!话虽如此,但也不要事事都依赖思维方式,因为有时候你的思想会背离你;这时,你就需要使用"没有商量余地"这个诀窍了。有时候,你得花很大力气下定决心去锻炼,制订锻炼计划会有所帮助——如果你的大脑为了激励你锻炼已经消耗了很多能量,那么就提前做好所有决定。我要做划船训练吗？我要做间歇训练吗？我应该上动感单车课吗？你有无数种方法可以让其他人帮你解决这个问题（"照片墙"上的培训师、健身应用程序、你报名的课程）。另一种让你轻松做决定的方法是，坚持穿适合你身形的服装。新装备很有趣，但最终，我们反复穿的只有那么几件紧身裤、上衣和几双运动鞋。固定购买这几样装备就行了。

专业提示： 当你准备锻炼的时候，把自己想象成一个要出门一整天的蹒跚学步的孩子。当妈妈带年幼的孩子出门时，她们要确保孩子有零食和水，穿得暖和（但不要太热），并且孩子玩疯了。如果你打算花时间锻炼，你应该按照步骤为自己的成功做好准备。如果你对自己还不错，第二天你就更有可能再锻炼一次！

小贴士：

没有时间进行"真正"的锻炼？几十年来，杂志编辑一直这么说，但那是因为事实就是如此。想办法在一天中做一些额外的运动——走楼梯；把车停在离商店较远的地方；一边在街区里散步一边打工作电话；会议结束后需要做汇报的时候，站起来走到别人的桌子前。在近期没有理想锻炼环境的日子里，你可以通过手机进行快速、模拟的锻炼。

锻炼后拉伸

"锻炼后不拉伸就像一个句子的结尾没有标点符号。"

——阿曼达·克洛茨

每一个拉伸动作做几次呼吸的时间即可（如果你需要针对某个位置做更长时间的拉伸动作，那就去做吧；拉伸对每个人来说都是不同的）。

1. 平躺下来，伸展双脚，提起右膝，使它靠近胸口，紧紧地抱住它。
2. 右腿伸向天花板，双手握住大腿后部，向胸口方向拉，直到你感觉腿筋在深度拉伸（你可以用一条毛巾圈住脚底，通过拉毛巾两头向下拉腿，这样有助于你的脖子和背部始终靠在地面）。
3. 弯曲左腿，脚平放在地上，右脚踝搭在左膝上。右手穿过刚才形成的洞，在左膝后面握住双手。把左腿拉向自己，拉伸大腿外侧和臀部肌肉。
4. 弯曲膝关节，双脚平放在臀部两侧，右膝倒向地板。拉回右膝，重复几次这个动作，拉伸你的臀部。
5. 伸直左腿，伸开手臂，使二者形成一个T形，然后让右膝靠向身体左侧，往相反的方向看（这是一个瑜伽扭转动作，它有助于排出体内垃圾——对你的身体很有好处）。
6. 换一条腿，重复第1—5步。
7. 坐起来，伸展双腿，做出跨坐姿势。
8. 将双臂高高地伸过头顶，然后伸向右脚下压几次（你的斜肌应该能感觉到拉伸），接着伸向左脚，最后向前伸展，拉伸大腿内侧。

9. 站起来，把你的右臂向左越过身体，用你的左臂固定它。把头向相反方向倾斜，伸展颈部，然后将右肘指向天花板，手掌平放在背部，拉伸肱三头肌。用左手将右肘向后推，增大拉伸力度。
10. 甩甩手臂，用左手重复上述动作。
11. 十指交叉放在背后，朝着地板方向向下推手指，同时抬起下巴，朝天花板向上拉伸（这是一种对侧伸展，一天中任何时候做一下都会让人感觉非常好）。
12. 踮脚站立，伸展你的足弓和脚。
13. 上半身向下弯，头部朝地板方向垂下，双手抓住对侧的手肘，从左向右慢慢摆动。放开手臂，点点头，再摇摇头。
14. 慢慢地卷起身体，脊椎一节一节地向上抬，想象你的身体随之堆叠起来——膝盖叠在脚踝上，臀部叠在膝盖上，肩膀叠在臀部上。最后抬起你的头。
15. 最后做一个力量动作。双腿分开站立，伸展双臂，使身体形成一个X形。朝向天花板挺起胸，抬起头。

专家：

阿曼达·克洛茨曾是一名百老汇舞蹈演员、无线电城音乐厅舞团"火箭女郎"，现为知名健身教练。她开发了广受欢迎的"AK! Rope"，这是一种用跳绳锻炼身体的快速有效的健身方法。

讲解：

拉伸的目的是防止受伤，同时让你的身体平静下来。始终保持深呼吸，以便降低心率，让氧气进入肌肉，这有助于缓解乳酸堆积。换句话说，锻炼后一定要拉伸。拉伸非常重要，而且只需要 5 分钟，当然你拉伸得越多越好（睡前增加这样的拉伸运动是放松身心、保证良好睡眠的好方法）。拉伸结束时，将头垂于两腿之间，这样可以释放你的背部和颈部在整个锻炼过程中积聚的紧张感，让你以良好的姿态开启新的一天。而一个力量动作会提醒你尽可能让自己变得更强大，敞开心扉迎接一切可能。真棒！

小贴士：

没有可以平躺下来的地方吗？双脚并拢站立，屈膝，双手平放在地板上，以此来锻炼腿筋。深吸一口气，尽量直膝，然后呼气，再次屈膝。像这样重复几次（这是"火箭女郎"的拉伸动作）。站直，用手拉住脚踝朝臀部靠近，做股四头肌拉伸，然后把脚依次抵在墙上，身体靠向墙壁，碰你的小腿。双腿分开站立，向下弯腰，用手触碰对侧的脚趾，做一个柔和的扭转动作。

拒绝那些你应该答应但其实不想答应的事

"问题不在于我宁愿做这件事还是什么都不做，而在于我宁愿做这件事,还是在我本已满满当当的生活中不得不做其他事。"

——劳拉·范德卡姆

1. 提醒自己时间是宝贵的,一旦时间花了,就绝对找不回来了。
2. 问自己这样一个问题:"明天我还愿意做这件事吗?"如果现在刚刚9月份,你很容易答应做第二年4月份的某件事。帮未来的自己一个忙,试试这个方法。
3. 回答要快:一旦你知道自己要拒绝,就不要让别人等着。
4. 不要说你没有时间,试着这样说:"非常感谢你想到我,我没有办法做这件事,但我希望这件事一切顺利。"如果这不是一件头等大事,而你有其他重要的事情要做,那就大方承认,不用想太多。
5. 换种方式说"不",减轻自己的内疚感。"这件事太重要了,需要全力以赴地去做,我由于有其他事情要做而不能做这件事。如果我答应了,就是不尊重这个活动、角色、周末之旅的重要性。"

专家:

劳拉·范德卡姆是一位时间管理专家,著有《下班时间:做更多事却感觉不那么忙》、《一流成功人士早餐前都做什么》和《168小时:你拥有的时间比你想象的多》。她的TED演讲"如何掌控你的空闲时间"浏览量已达800多万次。

讲解：

对时间价值的感悟会提醒你——现在对某件事说"不"，以后才能对其他事说"是"。一定要对那些你其实不想做的事情、与你的目标不符的事情，或者对你或你关心的人来说没有意义、乐趣的活动说"不"。空出日程表，留出精力，对重大的事情，以及有意义的、令人兴奋的、可能有点可怕但实际上能让你突破自我、不断丰富自我的事情说"是"。我们很容易忽视未来的自己，经常把未来的自己看作与现在的自己完全不同的人。我们还会认为，"哦，她的工作效率非常高，所以这件事她可以做"，或者"哦，那是她的问题——不管我替她接了什么活，那都是她要处理的事情"。

问自己"明天我还会答应吗"，是一种很有帮助的思考方式。因为你最清楚明天自己会有多少精力，有什么事急需处理，明天的机会成本是多少。如果你明天愿意推掉其他事情，或者宁愿错过别的事情也要接受这个邀请，那么无论何时，你都会很乐意做这件事。如果不是这样，那你就有答案了。你的答案不应该留有余地（如果你说"我不能做这件事，因为那时我会很忙"，那别人就有机会给你的日程表安排另一个时间做这件事）。

小贴士：

如果你觉得自己应该做的那件事情涉及你愿意与之共处的人，那么考虑一下：一般来说，花时间和别人共处是很好的（而且让我们面对现实,即我们并不总能保证有机会聚在一起)。是的,这需要付出努力,但回头想想,如果你晚上和朋友出去吃了顿饭,而不是在"照片墙"上浏览别人的晚宴,你可能会更开心。你希望生活中有很多通过努力获得的乐趣,而不只是那种不费吹灰之力就获得的乐趣。问自己:"未来的自己会为我这样做而高兴吗?"有时候这会促使我们去做一些我们喜欢的事情,尽管这些事情可能需要额外的努力(比如下大雨的时候上车或者穿上裤子)。

第 12 章

提升你的个人能力

自信地走进房间

1. 想好一句开场白,当你到达目的地的时候,你就可以说了。
2. 照照镜子(或者手机),检查一下自己的仪表,根据需要做调整。
3. 深呼吸。
4. 感受肾上腺素涌遍全身,集中精力用它来激发你的活力。
5. 大声说"我可以做到"。虽然这样有点尴尬,但是——你可以做到。
6. 挺胸站直,微笑,然后出发。

专家:

莉迪娅·费内是美国一流的慈善拍卖师,现任佳士得拍卖行的常务董事,著有《房间里最强大的女人是你》。

讲解：

清楚自己走进一个房间时要说什么——即使只说一句简单的"还有谁淋雨了吗"，也可以消除紧张情绪，因为你并不是全凭运气（或者令人尴尬的沉默）做事。确认牙齿里没有东西，这样你在走路的时候就不会焦躁不安了。深呼吸让你有机会停顿一下，让流遍全身血管的血液，推动你做任何事情——即便只是一次常规的工作会议。你对自己的批评很可能是最苛刻的，所以给自己打打气，告诉自己"我可以做到"，这是完美的最后一步，然后你就可以抬头挺胸地走进房间了。记住，自信是有感染力的！

做出更用心的决定

"'正念'如今是一个时髦的概念，但它实际上就是指你正在做一件事的时候能意识到自己在做什么。它改变了你看、听、摸、闻和尝的方式，也会改变你与人交往的方式，还会改变你的心情和效率——这是让你改变面貌的最便捷的方式！"

——妮科尔·拉平

1. 做决定之前（或者当你注意到自己脑子很乱，不能集中注意力的时候），停顿一下。
2. 呼吸。有关让你平静下来的 16 秒呼吸练习，参阅第 242~243 页。
3. 运用"5—4—3—2—1 法"调动你的感官：注意你看到的 5 样东

西，你能触摸的 4 样东西，你能听到的 3 样东西，你能闻到的 2 样东西，还有你能尝到的 1 样东西。

4. 如果你需要进一步休整，就起来四处走动一下。
5. 开始处理问题。到底发生了什么——不是脑子里而是现实中发生了什么？
6. 说出你察觉到的任何情绪（实际上，强迫自己准确说出自己的感受，可以减轻这种情绪）。
7. 当你知道发生了什么之后，就确定最好的应对措施。
8. 去做吧。

专家：

妮科尔·拉平曾是美国全国广播公司财经频道和美国有线电视新闻网有史以来最年轻的主播，主持过美国有线电视新闻网的早间节目，同时为微软全国广播公司节目和《今日》节目报道商业话题。著有《成为超级女人：从倦怠到平衡的 12 步简单计划》《富婆》和《女老板》。

讲解：

大多数人起床之后，尤其是进入工作状态时，会忘记集中注意力。当你面对不断让你分心的事情时，正念技巧（比如"5—4—3—2—1 法"）能帮助你放慢速度，更有意识地采取行动（比如放下该死的手机——有关如何不用手机，参阅第 275~277 页）。但这个技巧的基本思想是暂停，处理，然后出击。①当你有更清晰的意识的时候，你可以做出符合自己价值观的明智选择。妮科尔告诉我们的三个词（暂停，处理，出击）非常简单，但暂停是一种需要练习的技巧。我们做的每一个决定都是由其他许多小决定组成的。无论你是用头脑还是直觉做决定，在做出这些决定之前，你都要先暂停一下。研究表明，暂停50~100毫秒可以帮助大脑排除干扰，将注意力集中于与决策相关的信息。有时候你做的决定（汤还是沙拉）无关紧要，停顿也不那么重要了。但是，你要做的决定越重要，暂停就越重要——当下集中注意力也越重要。首先学会留意，然后做出正确的行动。

专业提示： 当你饥饿、生气、孤独或者劳累（或者停滞不前）的时候，你很可能会做出错误的决定。别让这些消极的压力源引发错误的选择。如果你思维停滞，那就不要做决策，直到你恢复最佳状态。

> 哈佛大学的一项研究发现，我们真正注意到自己正在做什么的时间只占47%。也就是说，我们在一半以上的时间里都没有关注我们应该关注的事情！你的注意力有多集中？问自己以下几个问题。
>
> 在持续10秒以上的交谈中，你是否容易走神？
> 在交谈中，你是否一直在考虑接下去要说什么，而不是仔细听别人在说什么？

---

① 把暂停、处理、出击这三个词贴在你的电脑屏幕上，提醒你在发送一封愤怒的电子邮件之前先停顿一下。

> 你在交谈时会看手机吗？开会时会用手机吗？吃饭时会把手机放在桌子上吗？
>
> 你是否从一个地方到达另一个地方，却发现自己对刚才步行或开车的路程一点儿记忆都没有？
>
> 你是否难以完成一项任务，然后就走神了，转而开始新的任务？
>
> 你是否会经常做出冲动的决定或者脱口而出任何想到的事？
>
> 你是否因为自己有太多杂乱的想法和感受而感到不知所措、瘫软无力，无法做出决定或表达自己的观点？
>
> 你得到的肯定答案越多，就越难集中注意力于当下。但正念是一种技能——你可以而且一定会做得更好！

设定目标

"我坚信，首先要清楚自己的人生目标是什么，然后逆向推导出实现这个目标的方法。"

——妮科尔·拉平

1. 告诉自己"一切"对你来说意味着什么（记住这对每个人来说都是不同的），要知道"实现一切目标"和"做一切事情"不是一回事。
2. 写下你的财务目标（关于事业和收入的发展方向，你的脑海中可能有一些总体目标，但你是否真的能讲清楚它们是什么？为了让自己有明确的责任，设定清晰的指标很重要）。

3. 列出你的家庭目标。不管你想养十个孩子还是十只猫，这个做法的重点是勾勒出"实现一切目标"对你来说是什么样子。

4. 想出有趣的目标（比如你想去哪里度假，你想尝试哪些新活动，也许有一天你会买一套海滨公寓——是的，这些目标也很重要）。

5. 设定健身目标。（重点不是"我想要惊人的腹肌"，而是思考你希望自己的身体能做些什么。跑马拉松？和你的孩子一起运动？拎着五袋食物走楼梯回到你位于四楼的公寓，而且不会上气不接下气，还要照顾好你的思想和灵魂？）

6. 将上述四种目标类别分别设定以下目标：
   - 1 年目标
   - 3 年目标
   - 5 年目标
   - 7 年目标
   - 10 年目标

7. 回头看看你的职业选择是否能让你实现生活其他方面的目标（即你是否能在 10 年内赚到足够的钱来买下那套海滨公寓）。

8. 确保你每一天所做的选择会让你更接近目标——根据需要做出不同的选择。

9. 要经常根据需要调整你的目标，一定要制订一个相应的计划去实现目标。

10. 如果你开始嫉妒别人所拥有的东西，那就再看看自己的目标清单。它在你的目标清单上吗？不在？那么目前对你来说，它并不属于你"实现一切目标"的图景。

专家：

妮科尔·拉平曾是美国全国广播公司财经频道和美国有线电视新闻网有史以来最年轻的主播，主持过美国有线电视新闻网的早间节目，同时为微软全国广播公司节目和《今日》节目报道商业话题。著有《成为超级女人：从倦怠到平衡的12步简单计划》《富婆》和《女老板》。

讲解：

为了获得成功，你必须为之做好准备，这意味着你首先要清楚目标是什么。你怎样实现它们？把你认为的"实现一切目标"的含义分为四个类别（金融、家庭、娱乐、健身），然后想出一个实现它们的行动计划。最好把这些目标分解成几个短期目标，因为"10年后我想做什么"可能是一个让人望而却步的问题，而比较小的、更容易实现的目标能使规划未来不再那么让人无所适从，也更加可行。别忘了在健身目标的部分增加一些心理健康和情绪健康的目标。实事求是地说，你在工作中赚到的钱应该能推动其他目标的实现，所以当你勾画其他目标的时候，重新审视你的职业目标是否能让你实现自己的目标。把实际的金钱数额作为目标是可以的（比如目标薪水或奖金），但是决定自己怎么用这些钱会更有建设性。娱乐让人快乐，但它也可能很昂贵、耗时（孩子们也是如此），所以在第1步中你要真正考虑自己想要怎样的生活。你想每季度休一次假吗？每月参加女孩们的周末聚会？每周约会几次？首先做出这些决定，然后算算需要多少钱来过这种生活。

有趣的事实： 一项关于目标设定的重大研究发现，只有 3% 的人有明确的意图，并真的将目标写下来。但平均来说，这些人的收入是其他 97% 的人的 10 倍（请原谅，我要去写下我的目标）。

别纠结于那些可能发生或可能不发生的坏事

1. 根据现有信息，想想可能发生的最糟糕的事情。
2. 让你的思绪完全陷入"万一"无底洞 1~2 分钟。万一最坏的事情发生了，结果究竟会发生什么？
3. 为你设想的每一个可能发生的倒霉情况制订一个行动计划——如果你被解雇了，被甩了，或者得癌症了，你会怎么做？仔细想想。如果你愿意，把你的想法告诉朋友或爱人。
4. 写下解决方案（好吧，你被解雇了，现在你要做的是什么）。把它写在一张纸上，或者清楚地记在脑海里。
5. 把那个计划归档——要么存在你的头脑里，要么放在衣橱里那个经常把你绊倒的鞋盒里。
6. 下次当"万一"悄悄进入你的脑海时（因为它会发生），提醒自己你已经有了应对计划，所以没有必要纠结。谢谢，下一个！

专家：

伊桑·佐恩是一位励志演说家、两次癌症幸存者、哥伦比亚广播公司《幸存者：非洲》节目的冠军、前职业足球运动员。当他与癌症做斗争以及参加 2020 年《幸存者：王者决战》节目时，他及其妻子莉萨都使用了这个方法。实际上是他的妻子教他这个方法的（谢谢你，莉萨）。

讲解：

我们都担心"万一"的情况发生。我们不能也不应该忽视它的存在。与其阻止它发生在我们身上，不如直接自始至终面对它（话虽如此，如果你被困在"万一"无底洞里太久了，就停下来——站起来，深呼吸几次，大声鼓掌，做任何能让自己不再继续想"万一"的事情）。最重要的一步是，设定你的行动计划和坚持下去的方法，然后继续前进。如果你——和你的大脑——知道在必要时你已经有现成的进攻计划，就不必一次又一次地纠结于那些可能发生或可能不发生的事情。

小贴士：

你的头脑是否处于一种特别糟糕的"万一"状态？把橡皮筋系在手腕上。每当消极的想法悄然出现时，弹一下橡皮筋，迅速中断消极的思维方式。然后从自己的记忆库里提取一份美好的回忆——可能是去年夏天完成了一次 10 千米长跑，生孩子，大学毕业——任何让你感觉很棒的事情。用好的想法代替坏的想法，让自己从那一刻起真正感受到积极的能量。这需要练习，但一段时间后，好的想法只需几毫秒就能取代坏的想法。你其实是在重新训练你的大脑，让它不会变得消极。

快速检查你的开销

"如果你的腿断了，你不会因为不知道如何给自己接骨头而自责。你是医生吗？说到金钱，我们认为随着年龄的自然增长，我们应该知道如何管理我们的金钱。你上过理财学校吗？没有？那你就需要这方面的帮助了。"

——蒂法尼·阿利切

1. 列一个月度消费清单，包括付账单、做发型、买燕麦牛奶拿铁。
2. 在消费清单上的每一项旁边，写下你每月在这一项上的花销（必要时估算一下）。
3. 把季度、年度费用转换成月度费用——如果你的水费是每三个月应付 90 美元，就在第 2 步中列为每月 30 美元（如果你每两周做 1 次指甲造型，价格是 40 美元，那么在第 2 步中把它列为每月 80 美元）。
4. 把消费清单上所有的费用加起来，这通常是"眼泪加纸巾"的一步。等等，我花了多少钱？

5. 写下你每月实得的工资——不是你的月薪,而是你实际存入自己账户中的收入。
6. 用你一个月实得的工资减去你一个月的花销(第 5 步的金额减去第 4 步的金额)。
7. 拿出一张最近的信用卡或借记卡对账单,浏览一下你购买的商品。它们是否与你的身份,以及你理想中的自己或想实现的目标匹配?

专家:

蒂法尼·阿利切——"预算教育家",是一名理财教育师,也是《一周预算》及《挑战更富有的生活》的作者。2019 年,她撰写并协助推出了"预算教育法",该法规定新泽西州的所有中学必须开展理财教育。

讲解:

如果你因为身体不舒服去看医生,医生不会直接给你开心脏病药物,他们会给你做一个彻底的检查。这也是你应该做的:检查。设定一个月的时间范围是清楚了解收入、支出的最佳方式。第 1 步和第 2 步是分开的,这样你就不会漏掉任何内容。我们写下所有开销时,往往会漏掉一些,比如在餐馆吃饭或美容上的开销,因为我们认为这些开销无关紧要。但当你只写下词语(外卖、指甲油、汽油)而不附加任何金额时,你往往会写出更多内容。不知道你的钱花在哪儿了?你的借记卡和信用卡上都有记录，所以拿出你最近的一张对账单。当你做了减法，得到的是负数，还是正数？别慌——这只是估算结果。大多数人算出来的都是负数，或者得到一个很小的正数，但不知道这些额外的钱去哪里了（提示：它被挥霍在你没有列出的内容上）。但如果你在第 7 步中辨别不出自己是怎样的人，那可能是时候做些改变，以及做预算了。关于减少开支的一种方法，参阅第 99~101 页。

冷静下来再做出反应

1. 想想使你焦虑的事情。
2. 现在闭上眼睛，慢慢吸气，从 1 数到 4，想象一下自己的呼吸。
3. 继续想象空气向下进入你的腹部，当它到达腹部时，屏住呼吸从 1 数到 4。
4. 现在开始呼气，想象空气向上返回并呼出，从 1 数到 4。
5. 屏住呼吸 4 秒钟。
6. 睁开眼睛，正常呼吸。
7. 问问自己："当我在数数和呼吸的时候，有没有想到那件让我有压力的事情？"没错。
8. 根据需要重复这个过程。

专家：

戴维吉是一名国际公认的压力管理专家、冥想教师，也是《减压：个人力量、成就持久和心境平和的现实指南》的作者（他传授海军陆战队士兵16秒呼吸法，并称之为"战术呼吸法"）。

讲解：

这个呼吸练习的关键在于通过打断思维模式来调整头脑。做一次深呼吸，察觉空气深入你的腹部，然后感受它慢慢地呼出去，这么做可以创造出我们需要的空间。你无法思考让自己感到有压力的事情，因为你在关注自己的呼吸（或者尽量不让自己晕过去？只有我这样吗）。当然，到第17秒的时候，你可能会回到最初的思维模式，但你更有可能会因为那次简单的思维模式中断而对整件事做出不同的反应。在回复一条令人沮丧的短信之前，或者在你花了32分钟等待客服人员接电话时，都可以尝试这种方法。你甚至可以在堵车时做这个练习——或者在家里的餐桌旁——但不要闭上眼睛。多多练习，使之成为你随时可以调用的工具（连续做四次，你就已经在冥想了）。

小贴士：

在做出反应之前先思考（或者呼吸），总是一个好主意。正如阿尔伯特·爱因斯坦所说："能量不能被创造或毁灭，它只能从一种形式变为另一种形式。"这意味着，如果你做出反应，说了一些不该说的话，或者让他人觉得你在胡说八道，你是收不回来的。这种负能量会给他们和你自己带来一整天的连锁反应。在你和他人互动之前，想想你会留下什么样的能量——是正能量还是负能量？戴维吉教授在课程中说人们要么留下甜蜜的生命花蜜，要么留下有毒残留物。请给我甜蜜的生命花蜜！

让自己渡过难关

"记住，你已经挺过了每一个可怕的日子，每一件艰难的事情，每一种糟糕的环境，每一次心碎的感觉。你付出一切努力走到了这里，不管你对现状的感觉如何，或者你想从这里走向何方，能够成功走到这里就是一种值得尊重的成就。"

——埃米莉·麦克道尔

1. 把自己想象成破茧成蝶的毛毛虫——在茧里时，你在黑暗中摸索，乱飞乱撞，撞到陌生的边缘：这都是必要的，也是有目的的。
2. 提醒自己：没有失败这回事，只有学习（有时候我们以学会无为而告终，这没关系）。
3. 朝着正确的方向寻找快乐（那些真正让我们快乐的事情：走进大自然、玩耍、睡眠、休息、营养、联系、爱、触摸和运动）。
4. 记住：恨你自己不可能让你感觉好受。"先对自己狠，以后别人再对自己狠，伤害就会小一些"的防御机制是一种有缺陷的理论。
5. 那些不愿意对最好的朋友说的话，尽量也不要对自己说。我们内心的声音和内在的批评家会对自己说出各种各样我们从未想过对别人说的话。

6. 不要回首过去,也不用自责。我们很容易在事后回想过去所做的选择时,怪自己"我当时到底是怎么想的",但当时的想法对当时的你来说是有意义的。

专家:

埃米莉·麦克道尔是贺卡公司"埃米莉·麦克道尔和朋友们"的创意总监和创始人。该公司制造的产品以幽默和真情来表达人类的思想状况。埃米莉还是一名作家和插画家,也是《没有好卡片可送:当生活对你爱的人来说变得可怕、糟糕、不公平时,该说什么、做什么》的作者。

讲解:

这一切都与思维模式有关——要对自己有耐心。当我们处于转变的过程中,当一切都变得黑暗、模糊和毫无意义时,这就是我们的茧。在茧里时,你几乎不可能预见自己什么时候能出去,也不可能知道自己马上就能从另一边出去。置身其中就像被黑暗包围,然后突然之间,你豁然开朗。接着是惊喜:你能飞了。你以前应该听过这句话,但它值得你多听几遍:当事情没有按你希望的方式发展时,记住,有时候看似可怕的失败最终会成为你所经历的最好的事情。我们最终也许会了解自己或别人,或对两者都有所了解。当你感到悲伤或疏离,又想做点儿什么的时候,你可以了解一下自己的本性。关注那些能让你从生理上感到快乐的事情。

小贴士：

想展示正能量？ 如果你爱别人，就告诉他们是什么和为什么。不要只说"我爱你"，说具体点儿，告诉他们你认为他们哪些地方很特别。发信息告诉别人是很好的方式。如果你知道有人遇到了难事，告诉他们你看见他们正在经历一些事情，以及他们做得很好。

专业提示： 善待自己。"我活得越久，我就越相信善待自己绝对是我们最重要的工作。"

——埃米莉·麦克道尔

下定决心做一件事并坚持到底

"下定决心——正确的决心——对提升幸福感有着巨大的作用。"

——格雷琴·鲁宾

1. 问问自己："什么会让我更快乐？"可能是多做一些好的事情（和朋友一起玩，有时间从事一个爱好），或者少做一些不好的事情（对孩子大喊大叫，后悔自己吃了什么），或者处理一些感觉不对劲的事情。
2. 确定一个能带来改变的具体习惯。想法应具体和可操作。与其考虑"在生活中寻找更多的快乐"，不如想想"每周日晚上看一部经典电影"。
3. 想想你是决心说"是"还是"不"(即你想下决心做某事还是不做某事),然后相应地下定决心(要么不做某事,要么做某事)。
4. 问问自己:"我的决心够小或者够大吗?"如果你把自己逼得太紧,你可能会尖叫着停下来;或者如果你对缓慢而稳定的事情失去兴趣或信心,你可能需要下更大的决心。
5. 制订一个让自己负责任的计划(如果你是一个乐于助人的人,记住,对你来说外部问责是关键,所以你可以找一些朋友来督促你)。

专家:

格雷琴·鲁宾是《快乐计划》、《在家更快乐》、《比以前更好》、《四种倾向》和《外在有序,内心平静》的作者,也是获奖播客节目《与格雷琴·鲁宾一起变得更快乐》的主持人,她在播客中分享见解、策略和故事,帮助人们了解自己,创造更幸福的生活。

讲解:

这件事成功的秘诀是了解自己的本性。思考一下什么能让你在下一周、下个月和下一年更快乐(你的生活越能反映自己的价值观,你就会越幸福;习惯有助于让生活反映出你的价值观)。一个常见的问题是,人们会做出抽象的决定。"享受当下"这样的决心很难衡量,因此也很难保持下去。相反,寻找一个具体的、可衡量的行动,会带你实现那个抽象的目标，比如"每天早上在我家门前台阶上喝咖啡"。当谈到实现永久的生活变化时，人们往往会分为两个阵营：有些人需要为自己设定小的、连续的目标，一步步朝着更大的目标前进（我要每天在午饭时间散步10分钟）；其他人需要一个彻底的改变才能获得力量和兴奋感，从而让自己养成新的习惯（我要每天早起1小时，在上班前去健身房）。这两种方法都有效，所以想想什么最适合你，并相应地调整你的目标。最后，问责是坚持决心的秘诀。和朋友们一起创建格雷琴推荐的"比以前更好"习惯小组，或者在日历上给自己设定目标和审查日期。这就是第2步非常重要的原因——如果你的决心太模糊，就很难被问责（"吃得更健康"的决心比"午餐吃沙拉，一周三次"更难监督）。

小贴士：

需要养成一个好习惯并坚持下去吗？试试1分钟规则：任何1分钟内可以完成的任务你都必须做完，而不是拖到以后再做。比如把外套挂起来，读一封信然后扔掉，填一张表格，把一个盘子放到洗碗机里等这些任务很快就能完成，你遵守这个规则并不难——但效果很明显。完成所有这些琐碎的任务，你就不会那么不知所措；你的家可能会更整洁，工作效率也会更高（你会很快完成这么多小事，会有更多时间处理更大的任务）。正如格雷琴所说，这是提升幸福感的一种非常简单、有效的方法——但如果你想看到结果，就必须始终如一地遵循这个规则。

专业提示：不要只关注待办任务清单，你可以把今天完成的所有事情列出一张成就清单。效率对幸福感而言非常重要。无论是清洗一堆脏衣服，还是成交一笔大生意，你都希望自己处在成长的氛围中，想看到自己正在进步、学习、指导他人。成就清单帮助你更了解自己一天所做的事，并使你对这一天感到满意（你可能觉得自己什么都没做，但是，看——你确实做了些事情）。如果你对自己要求严格，在年底列一个成就清单也是很好的做法（拿出日历来帮你完成这件事）。也许有几天甚至几周时间你感觉效率低下，但当你回顾一整年的时候，你会惊讶地发现你完成了很多件事。

第 13 章

提升人际交往能力

记住别人的名字

"最重要的商务礼仪和社交技巧之一,也许仅仅是一项人类技能,就是自信地记住别人的名字。"

——吉姆·奎克

1. 相信你能记住名字。我们改变行为或完成任务的唯一路径就是我们相信自己可以做到,因为信念能给大脑发出执行任务的信号。
2. 练习。养成一个习惯需要一两个月,所以要多多练习记忆你遇到的人的名字。
3. 说出来。等别人做完自我介绍,你就把他们的名字重复一遍——"你好,泰德"。
4. 使用它。试着在对话中使用三四次他们的名字,必须自然地使用,否则听起来会很奇怪。

5. 问问对方这个名字是否有特殊意义，是怎么得到的（是姓吗？这个名字对他们的父母来说有什么特别的意义吗）。这有助于下次见面时唤起你的记忆，而且人们喜欢谈论自己。
6. 想象画面。大多数人更善于记住面孔而不是名字。诀窍是将你记住的面孔与提示他们名字的画面配对。如果有人叫玛丽，你可以想象她抱着两只小羊羔，唱着儿歌，下次见面时你就有希望记得她的名字。
7. 结束。一定要在第一次见面或谈话结束时说出他们的名字："再见，玛丽，很高兴认识你！"

专家：

吉姆·奎克是记忆专家和快速阅读专家，也是国际演说家，还是多维时代的首席执行官，这是一家指导记忆训练的咨询公司，帮助个人和企业在更短的时间内取得更大成就。他是《无限潜能：升级大脑，高效学习，开启非凡生活》的作者。

讲解：

这些步骤（相信、练习、说、用、问、想象、结束）都需要自信，这正是你记住别人名字时的状态。记忆名字是一项技能——需要努力，好在它并没有你想的那么费力。你说出一个人的名字是为了让自己一开始就能两次听到这个名字。这也能保证你不会听错或误解。你可不想在和泰德交谈了 20 分钟后说"再见,埃德"——最好马上纠正过来。只要不显得唐突,在谈话中尽可能多地使用别人的名字(如果有人路过,你可以介绍他们相互认识,这样你使用它的机会就多了)。离开时再说一遍名字是很关键的,因为这是你再一次使用它的机会——下次你就能记住它了——这会让你给"泰德"留下一个很好的印象。

专业提示: 不要告诉自己你不擅长记住别人的名字。大脑就像一台超级计算机,你的自言自语就像一个程序,会运行。如果你告诉自己你不擅长记住名字,你就无法记住下一个你遇到的人的名字,因为你叫你的超级计算机不要记住它。让自言自语不再消极的一个非常简单的方法是加上"还"这个字:"我还不擅长记住名字。"

写一张感谢字条

1. 以问候语开场,如"嘿""亲爱的""嘿,女士"等。
2. 立即表明你感谢对方的礼物或举动。
3. 加上有关那个礼物的细节——比如你将如何使用它或者你最喜欢它的哪些地方。
4. 展望未来——提及下次你会见到对方,或希望他们有个美好的假期:"我迫不及待想在苏茜的婚礼上见到你!"
5. 重申你的感激之情:"再次感谢你的体贴周到。"
6. 以你的问候结束,比如"爱你……""再见"。
7. 如果你喜欢,可以加上一句"另外",即能让对方感到高兴的一句简短的话、调侃,或者夸夸他们生活中发生的事情,比如"另外,喜欢你的刘海"。

专家:

雪瑞·贝里是雪瑞·贝里纸业公司的首席执行官兼创意总监。她设计了华丽而极具个性的婚礼请柬、节日贺卡、出生喜报,以及几乎任何你可以写在纸上的东西——甚至是给孩子们的午餐盒便条!

讲解:

当人们打开字条时,他们想知道这张字条的目的,所以你要直截了当地说(毕竟距离他们给你送礼物已经有一段时间了),然后说一些有关礼物的具体内容。当你看到一张字条上写着"非常感谢你的礼物,我迫不及待地想要用它"时,你会想"你知道我给你买了什么吗?你知道我是谁吗"。添加细节会让读字条的人感觉很好。如果有人给你买了一块劳力士手表,你真的需要滔滔不绝地表示感谢,否则就在最后简单地重申你的感激之情,然后结束。如果你喜欢,可以加上一句"另外"——几乎所有的信件,甚至大多数的求职面试都可以加("另外,希望这次大会成功")。写字条的时候不要想太多,别让自己过于紧张:整个过程大约3分钟。如果你认为写感谢字条是一件需要花大量时间的事情,那么它将成为一件繁重的工作(而且会在你的待办任务清单上停留几个月——有人告诉过我)。在你的包里放几张卡片,等牙医的时候可以拿出来快速写一张。哦,如果你担心写不好——或者写了两遍"兴奋"这个词——那么就用带有拼写检查的设备打个粗略的草稿。

小贴士:

哦,等等,你真的不记得他们给你买了什么? 不要笼统地描述"礼物",要把注意力转移到送礼者身上,用一个简单、真诚的开场白认可他的体贴周到。继续说一些关于对方的具体内容,可以是对你们之前的一次见面或谈话的回忆。"非常感谢你的礼物,你真是一位体贴周到的女性!你非常慷慨大方。顺便说一句,很高兴上周在公园见到你们。希望尼科和阿尼亚度过一个美好的夏天!"描述你们相遇的经历可以表现你的真诚,同时不会让别人注意到你没有描述礼物细节。雪瑞·贝里提出了写感谢字条的黄金法则:你希望别人怎么给你写,你就怎么给别人写。

了解体育动态

"你不必假装或谎称自己感兴趣,但如果你想参与真正让人们聚在一起的事情——也是人们有兴趣在现场观看的一件事情——有这些信息渠道是很重要的。"

——萨拉·斯佩恩

1. 找几个体育网站（找一个综合体育新闻网站，再找一个报道你所在城市的体育新闻的网站），并给它们加上网页书签。每天、每周或者当你要参加或观看体育比赛时，查看这些网站。
2. 寻找可靠的、符合标准的新闻来源，查看赛事日程、排名以及可信赖和可理解的直观信息。
3. 如果你或你的朋友是某支球队的粉丝，关注那支球队的网站、博客、社交媒体。
4. 在社交媒体上关注一些杰出的运动员。
5. 在重大赛事开始之前，找到最重要的消息，并仔细阅读（谁受伤了，谁是最佳球员等）。球队官方网站和博客是很好的消息来源。
6. 了解各种体育赛事中的关键问题——即使是5月中旬周二晚间的一场棒球比赛。为什么这场比赛很重要？当某支球队赢了或输了会发生什么？两支球队之间曾经发生过什么值得注意的事情？哪位选手即将脱颖而出？
7. 寻找好的幕后故事。想想是什么让人们那么喜欢看奥运会——当你看过对某些运动员的家人、朋友和五年级冰壶教练的一系列采访之后，你会更喜欢那些运动员。

专家：

萨拉·斯佩恩是一位获得"艾美奖"和"皮博迪奖"的电台主持人、电视名人和作家，主持了 *Spain and Company* 节目，该节目每个工作日夜晚在美国娱乐体育节目电视网播出。萨拉也是 *That's What She*

Said 播客的主持人以及《运动中心》节目的记者。

讲解：

体育让人们聚集在一起（这正是新冠病毒大流行期间体育赛事被取消的原因）。如果大家都聚在一起看美国职业篮球联赛总决赛或者肯塔基赛马会，甚至纳斯卡赛车，并且你知道自己在看什么（规则、主要球员、竞争对手），那你肯定会觉得更欢乐、更有趣。有很多网站可以让你了解赛事简况——今天发生了什么，为什么你应该了解——但是如果你不习惯看这项运动（比如纳斯卡赛车），那么任何时候你都可以关注赛事的关键问题。所以当你拿不准的时候，就关注上面这些内容。花 5 分钟来理解某场对决的意义。在社交媒体上关注你喜欢的球队是很重要的，因为它们会发布即将举行的比赛，并转发有关球员的内容——当你觉得它们与运动员有紧密的联系时，你会更喜欢它们。而幕后故事会让一切变得更有吸引力。这是某位球员第一次回到他以前效力的球队主场参加比赛吗？即使他现在属于另一支球队，全场观众会因为爱他而为他起立鼓掌吗？你可以在这种时刻表现得更平静，而不是疑惑——"等等，发生什么了？"了解一些消息会让一切变得更有趣，也让你有理由去关注你正在观看的比赛。

在社交媒体上发表评论

1. 在评论任何事情之前，先问自己一个简单的问题："在现实生活中我会这么说吗？"

2. 不要偏离对话主题。如果有人发的帖子是关于他们生病的孩子或者猫，你最好不要说"是的，但是你看到海龟发生什么了吗"，这是很糟糕，但这不是重点。

3. 如果这是一个有争议的话题（可以肯定它是有争议的），那么在发表评论之前先做好功课。如果你并不了解某个问题正反两方面的最新情况，也许你根本就不该插嘴。

4. 不要试图在网络上改变别人的想法。人们很少会收回他们的评论（也就是说，他们会誓死捍卫手中的刀剑，即使那刀剑疯狂无比）。

5. 你看在上帝的份儿上，检查拼写和语法。

6. 使用标点符号！记住，标点符号在表达语气方面有很大的帮助（想想度假照片的两种评论——"有趣"和"有趣！！！！"给你的感受是不是很不一样）。

7. 要知道，表情符号有很多好处——现在人们不仅可以接受它们，而且几乎是期待看到它们（它们也很有必要——见第 6 步）。

8. 在发表评论之前再检查一遍。要考虑到你放在网络上的东西将会永远存在——你愿意让那条评论长久存在吗？

9. 当有些人评论你的帖子时，你也要评论他们的帖子。

专家：

萨拉·巴克利是 Buzz Brand 公司的社交媒体总监，这是一家创意公司，旨在帮助小型企业扩大社交媒体影响力。她还经营着广受欢迎的

"照片墙"账户 @nottheworstmom 和 @nottheworstmarriage。

讲解:

与人交往的礼节也要用在网络上——你去参加晚宴的时候不会偏离谈话主题,对吧?不会对一些你不了解的事情发表意见吧?你可能只会说一些对某个话题有价值的话,或者一些有趣(或支持)的话。在网络上也要这么做。关于社交媒体需要记住的是:它是永远存在的。而且你不知道谁在关注你——可能是未来的员工、未来的同事、未来的老板。如今,未来的雇主在面试前或面试后浏览你的社交媒体是很正常的。人们认为你本人就是你在网络上表现出来的那个人——有时比现实中好,但也常常比现实中差。所以要注意你发的帖子和评论。它可能会让你失去一份工作,也可能会让你失去一段感情。你必须认真对待这件事,因为其他人都这么做。

小贴士:

想在社交媒体上发展你的品牌、业务吗? 如果你想让自己的名字为更多人熟知,吸引更多人关注,那就通过点赞、评论以及与他人交流来推介自己。假设你刚刚在自己从事的行业里起步,并在一次鸡尾酒会上发现了同行业的其他知名人士,你可能会做自我介绍,如果他们跟你说话,你会回应他们。网络上也是一样。把网络看作人际互动的另一个场所,这是你未来的粉丝、关注者和客户到处闲逛的地方。你有一个免费的平台吸引人们购买你的东西，去你的商店，下载你的音乐（或者订购你的书）。好好利用它！但不要只点赞——增加一些对话内容。如果你想让别人注意到你，那就做一个积极的、引人注目的人（人们会阅读评论——如果他们喜欢你的评论，他们就会关注你）。

与你的伴侣有效率地争辩

1. 问自己两个问题："我累吗？我饿吗？"在对这两个问题做出否定回答之前，千万不要争辩。
2. 确定你要解决什么问题，把你的计划告诉你的伴侣。
3. 给自己定个时限——必要时设定闹钟——并且告诉别人。"让我们花10分钟谈谈这个问题，好吗？"
4. 表明你的观点，但不要侮辱或漫骂。有关如何表达你的观点，参阅第53~55页；有关如何给予建设性意见，参阅第55~58页。
5. 听对方说话时，不要打断（即轮流说话——这一步是显而易见的，但这可是伴侣之间）。
6. 不管你多么想再次提起洗碗机的事情，你都只能专注于你在第2步中确定的话题。
7. 提出能解决这个问题的具体行动方案。
8. 设定一个时间再次审视这个问题。
9. 以积极的态度结束争辩——即使是被迫的。

专家：

乔·皮亚扎是畅销书作家、获奖记者和播客主持人。其著作《如何结婚》记录了六大洲不同的婚姻模式，播客节目《承诺》已经被改编成电视节目，它通过展示伴侣之间在存在很多矛盾的情况下依然互相扶持的鼓舞人心的故事，进一步剖析婚姻和伴侣关系。

讲解：

在开始谈话或争辩之前，确保你吃饱了并且精力充沛。人在饥饿或疲惫的时候是无法发挥最佳状态或做出理性决定的。随便问一个两岁的孩子就知道了。乔·皮亚扎说得十分贴切，"'不要带着怨气睡觉'这句老话是胡扯"。想成功，你需要做好准备。每次围绕一件事争辩，所以你要知道你准备争辩哪一件事。这意味着你要克制自己，不要把过去的怨气一股脑儿地发泄出来，因为你很容易这么做（太容易了）。当你不可避免地跑题时，要有一个"安全信号"——回想一些对你们俩来说有趣而有意义的事情，让彼此放松一下。关于争辩，你最需要明白的是，倾听最重要。给伴侣一些空间表达观点，然后你再说出自己相应的观点。不要在没有解决方案或行动方案的情况下结束争辩。试着找到一些方法来解决你想解决的问题。你可以说："嘿，让我们试试这个方案，看看效果如何，一周或一个月后再看看情况。"然后和伴侣卿卿我我，和好如初。哦，等等——那只发生在电影里。

道歉

"道歉是一项极为重要的生活技能,对于道歉者来说也有很多好处。你并不只是通过说一声"对不起"来安抚对方,你是在接受和承认自己的行为,这对你自己的心理健康有很大帮助。"

——塞拉娜·蒙敏尼

1. 想想你具体做的哪些事导致这个问题(你需要清楚你准备道歉的内容)。
2. 在对方和你都不忙或不会被打扰的时候谈一谈。最好是当面道歉,其次是通过电话道歉,最后才是通过短信或电子邮件道歉。
3. 可以说"我很抱歉_____"(在空格里,你要真诚地承认你做错了什么——如果不清楚,参考第1步)。
4. 不要为自己的错误行为找借口。
5. 说说下次再遇到这种情况会有什么不同,或者你准备如何改变(同样要具体)。
6. 问对方:"你能原谅我吗?"
7. 问对方觉得你怎样才能更好地进步——对方需要你做什么。

专家:

心理学博士塞拉娜·蒙敏尼是行为科学家和积极心理学家。她是《21天恢复元气》的作者,也是常识媒体咨询委员会成员,还是媒体界的权威人物,在世界各地的大学、公司和非营利组织发表演讲。

讲解:

道歉是为了纠正错误,而说声"对不起"只是开始,但这是非常重要的一步,因此花些时间推敲你的表达非常关键。很重要的一点是,你要清楚地认识到自己是如何伤害对方的。有时候,你和你的伴侣如果出了问题,可能会带着怨气睡觉,然后在第二天以更清醒的头脑重新审视这个问题并且道歉。你必须在适当的时候和对方交谈,否则道歉没有效果。不要说"我很抱歉你会有这种感觉"或者"因为你做了××事"。事实上,你不应该说对方,只说你自己的问题即可,然后听对方说,不要打断他们而为自己辩解。这不是责怪或找任何借口的时候("哦,因为你做了这件事,所以我才那么做的"或者"我工作压力太大了,我应付不了,所以才对你做了那件差劲儿的事")。如果事后没有任何改变,道歉是毫无意义的,所以和对方一起想想将来如何避免这个问题。如果这段关系对你来说很重要,你就要做好付出一切代价的准备。

退出你不想参与的谈话

1. 请向他人示意你要离开,你可以伸出手来准备握手,最好是拍拍肩膀或挥挥手。
2. 你可以说"很高兴和你聊天,但我得走了"(如果你愿意,你可以向对方要名片，告诉他们你会再联系他们；或者告诉他们，你们可以稍后再聊或等到某一天再聊）。

3. 直接离开。
4. 如果谈话的内容是八卦或者政治话题，你可以坦诚地说"这次谈话的方向让我不太舒服"或者"我需要休息一下，请原谅"。
5. 如果和你谈话的人说个没完，让你插不上话，你可以试着说："和你谈话很愉快。我想跟几个人打个招呼，一会儿再来找你。"
6. 如果是聚会，别说你要去自助餐厅或酒吧吃点儿东西（他们可能会和你一起去）。
7. 如果你要离开一群人，你可以通过挥手来迅速而平静地插话，并大声说"嘿，真高兴和大家聊天，但我得走了"，然后直接离开。
8. 不要道歉。你可以说："对不起，打断一下，我要赶紧走了。"但是结束一段谈话并没有什么错，所以你没有必要道歉。
9. 如果你看到附近有你认识的人，你可以说"哦，我要走了，我要和凯特谈点儿事，请原谅"，然后直奔凯特。
10. 你也可以招呼凯特（或者你认识的一位路过的人）过来，然后说"哦，有个人我想介绍给你认识"，然后把他们介绍给彼此，接着说"如果不介意，你们两位在这聊聊天。我要去和别人聊聊"。

专家：

黛安娜·戈茨曼是美国礼仪专家，也是《现代礼仪让生活更美好》的作者。她是得克萨斯州礼仪学院的创始人，这家公司专门从事行政领导力和商务礼仪培训。

讲解：

无论和你谈话的是你妈妈、同事、在公共汽车站遇到的另一位家长，还是在干洗店排队的人，结束谈话的一般规则都是一样的：直接、客气和真诚。在某些情况下，你也是帮对方一个忙。伸出你的手（拍拍他们的肩膀或挥挥手）表示"我要走了"，并且在你和对方之间形成一道身体上的屏障——这个肢体语言表明你要走了。每个人都应该对自己的界限负责，如果你觉得某场谈话让你不舒服（八卦、政治声讨、争论），那就说出让你最舒服的话然后退出谈话。你不必想太多。"嘿，萨拉，我得走了。我明天再和你聊"是结束谈话的一种非常客气的方式。

小贴士：

如何和火车上的人打招呼（不需要和他们坐在一起）？微笑，挥手问好，继续往前走。如果你觉得有必要和对方多说几句话，那就说："很高兴见到你。我有个任务，要处理几封电子邮件。回头聊？"就应该这么简单。不必坐在他们旁边或者和他们聊很久——要记住，你不想和他们坐在一起，他们可能也不想和你坐在一起。

如何结束通话：在打电话时，因为对方看不到你的肢体语言和面部表情，所以如果你想结束谈话，就必须插话来引导通话结束。礼貌地打断对方:"卡伦,我在等另一个电话,而且我需要准备一下。我会在接下来的几天里和你保持联系,看看这个项目的进展情况。"话要简短、温和,但要真诚。如果你不打算回电话,就不要说你会回电话。

想好如何告诉别人自己遭遇的棘手情况

"一次又一次地寻找合适的话语会让人耗费精力。相反,预先准备好这些话,你就可以清晰地表述,这样既可以缓解你不得不说的压力,又可以传达你想传达的信息。"

——格雷琴·鲁宾

1. 搞清楚人们会问你什么事情——分手、健康问题、意外的工作变动。
2. 决定如何讲述这个情况。"我自己怎么考虑?我要怎么给别人讲述?我想让这些信息如何为外界所知?"
3. 用两到三句话简练地总结这个情况,说清基本事实。不确定人们想知道什么?问问自己:"如果是我,我会对什么感到好奇?"如果这对你有帮助,把它们写下来!
4. 用一句话表达你对这种情况的看法,因为那是人们最感兴趣的。你是怎么应对的?你是怎么处理的?
5. 注意语调。如果你就事论事,那么谈话就结束了;如果你的表达比较幽默,别人会问你更多问题。
6. 根据需要重复一遍。

专家：

格雷琴·鲁宾是《快乐计划》《在家更快乐》《比以前更好》《四种倾向》和《外在有序，内心平静》的作者，也是获奖播客节目《与格雷琴·鲁宾一起变得更快乐》的主持人，她在播客中分享见解、策略和故事，帮助人们了解自己，创造更幸福的生活。

讲解：

我们面对棘手局面时的焦虑情绪通常会让我们想封闭自己，不想被别人问这问那。当别人不停地问你感觉如何、发生了什么时，这真的很让人疲惫——最后，如果这是一件你很难想明白的事情，你会觉得把它表达出来都让你筋疲力尽。花时间构思你的表述并不代表你不真诚，而是代表你在用心地决定你想如何描述这个情况。比如"约翰和我要离婚了。我也不想这样，但既然这一切发生了，我有一种解脱的感觉"这样一段完整而简短的表述，有助于你给自己和别人传递信息，也更容易结束谈话。如果你不想继续谈论这件事，可以做出明确的表示——就像政府机构的声明："我们现在不再回答任何问题。"这么说能够彻底结束话题，结束的方式也很不错。当然，和亲密的朋友及家人在一起，你可以喋喋不休地谈论你的感受，但你通过这种方式做好准备之后，每次听到新的言论时就不会感到难过了。

小贴士：

这也同样适用于好消息。你可以告诉人们你有了新工作，你订婚了，你正在写一本超级有趣并会改变生活的书，不管它是什么！提前准备好电梯演讲，可以让你控制好叙述过程，并且以你希望被别人看待的方式向世界展示自己。当你准备好要说的话时，你和别人的闲聊也会更顺畅。

支持有困难的朋友

1. 做出不露声色的反应。如果有人和你在一起时表现得很脆弱，你不要表现出震惊或反对，特别是当他们告诉你隐私和（或）羞愧的事情时（欺骗、撒谎、被解雇、触犯法律等）。
2. 问对方："你想谈谈吗？"
3. 如果他们想谈，你可以问一些温和的问题："那么，你觉得怎样？""你过得怎样？"
4. 不要追问所有细节——事情的具体情况不如你的朋友对事情的感受重要。
5. 把注意力集中在他们身上，听他们说；你的任务是倾听，而不是回应（当他们说话时，你不要去想接下来要说什么——这是一项基本的生活技能，但这并不容易掌握）。
6. 不要主动提出建议。人们通常只是想释放情绪，而不是解决问题，如果你提供意见，这可能显示出你比他们更了解情况，但事实并非总是如此。但是，你可以问他们是否愿意听听你的一些温和的、平易近人的建议,比如:"你愿意听听如果我遇到这种情况会怎么做吗?""你想听听我的想法,还是只想发泄一下?"

7. 如果不确定,可以说:"我真的很抱歉发生了这件事(或你现在要应对这件事)。"人们害怕说"我很抱歉",因为他们认为这是陈词滥调,但如果你是真诚的、真实的,你就会产生那种抱歉的情绪。
8. 最后说:"我现在怎么做能给你最好的支持?"
9. 第二天去看看朋友怎样了,第三天也去看看,第四天再去看看。

专家:

瑞秋·威尔克森·米勒是《露面的艺术:如何支持你自己和你身边的人》和《点状日记:实用指南》的作者。她曾是BuzzFeed网站的高级编辑,现在是Vice网站的副主编。

讲解:

首先要做的事是:不做评判,不要表现出惊讶,不要臆测他们对这条消息的任何感受(他们可能会为离婚而高兴,如果你看起来心情不好,他们可能会因为自己没有感到悲伤而歉疚)。你可以说"哇,这是个大新闻",这会让你避免做出错误的情绪反应,让对方告诉你他们怎么想。问一些温和的问题是很好的开头,因为这会帮助你搞清楚他们在那一刻需要你做什么。关注他们的感受,而不是事实。这个观点来自凯尔西·克罗和埃米莉·麦克道写的书《没有好卡片可送:

当生活对你爱的人来说变得可怕、糟糕、不公平时,该说什么、做什么》。你并不需要了解某个医学诊断或者他们申请下一份工作的过程,因为这不是现在真正的重点。是的,有些朋友会把整件事详细地说一遍,所以你也要为此做好准备——但只让他们说。如果你不清楚他们需要你做些什么,可以直接问他们,不要感到歉疚。他们有时需要建议,有时只是需要你倾听,有时需要分散注意力,有时需要一些非常实际的帮助,比如搭你的车去法院。

小贴士:

送一副拼图。当人们感觉世界支离破碎时,把一些东西重新拼合起来会让人感觉很有力量。你觉得为什么这么多人在隔离期间玩拼图?拼图既能带来抚慰又能带来刺激。它也是一种挑战,并且往往是一种友好的挑战。它是一种极为纯粹的方式,有助于治愈一颗破碎的心,可以占据原本会被失落、愤怒、恐惧或者仅仅是手机上的通知吞噬的头脑。拼图并不能解决你所有的问题,但拼图本身是你能解决的一个问题。

表示慰问

"你要知道无论你说什么都不能改变事实,所以不要给自己施加压力;你的目标并不是找到最能安慰人的话,而是理解这个人的痛苦。"

——诺拉·麦金纳尼

1. 想做就去做。现在就去做（最糟糕的就是你什么也不说）。
2. 发条短信，寄张卡片，打个电话，或者最好当面说。
3. 简单地陈述事实："这太可怕了。我为你感到心痛。如果你想聊聊，我就在这里听着。如果你不想说，我也会在这里陪你。"（简单的一句"很遗憾听说××的事"也可以——用名字或者"你的母亲、你的朋友、你的叔叔"代替笼统的"你失去的人"。）不要急于改变话题或开玩笑。不用再说什么。这也许会让你感到不舒服，但你不需要让别人的情绪好起来，让悲伤的人悲伤吧。
4. 如果你认识逝者，可以分享一个关于他们的美好回忆或逸事。
5. 如果你们关系亲密，并且你还想做点儿别的事，一定要真诚（如果你一辈子都没换过尿布，就不要主动提出照看孩子）。
6. 把这个日期记在你的日历上，第二年再次表示关心。

专家：

诺拉·麦金纳尼是播客节目《可怕》和《感谢你关心》的主持人，也是《没有幸福的结局》和《笑也没关系（哭也很酷）》的作者。诺拉31岁时第二胎流产了，她的父亲死于癌症，接着她的丈夫阿龙死于脑肿瘤，这些遭遇相隔不到几周。她所做的关于悲伤的TED演讲在第一年就有超过250万人次的浏览量。她是"热辣年轻寡妇俱乐部"的联合创始人，这个俱乐部是专门为失去另一半的女性创立的。

讲解：

慰问是分等级的。如果是最低等级的慰问，你可以快速发一条短信、一封电子邮件或一条私信给对方。如果是中等的慰问，你可以寄一张手写的卡片。[①]最高等级的关心和参与就是要露面——参加葬礼和七日服丧期。端上一盘热菜，和别人拥抱；在实际交谈时，记住他们不需要你讲述自己的生活和损失。他们不需要听你说他们失去了什么——那是由他们自己定义的。他们不需要你告诉他们如何解决（不要对他们说"应该"怎么做）。哪怕你说了一些真的很让人讨厌的话，比如"一切都是有原因的"或者"这是上帝的安排"，这也表示你尝试过了，你露面了。出现在那里本身就有很重要的意义（没有人真的知道该说什么，你不知道，那个经历悲伤的人也不知道，所以一句"我真的不知道该说什么，我只知道我想在这里陪你"是完全可以接受的）。如果你能分享一些关于逝者的美好的事情，那就太好了。但不要只是在葬礼上分享这些事情，因为人们已经精疲力竭了，无法接受新的信息——几个月甚至几年后再讲出来。不要害怕说出逝者的名字以及谈论他们的生活，不要仅仅谈论他们的死亡。人们失去某人时，最害怕的事情之一就是失去有关那个人的一切，所以你分享记忆有助于让逝者活在他们心中。

[①] 每次都可以寄张卡片，哪怕你不认识逝者，哪怕是寄给一个你认为讨厌你的同事。"我听说了××，我想让你知道我惦记着你。"你不需要描述这件事有多可怕——他们知道那种感觉。你不必加上宗教的套话——除非你很想加，并且知道会有人欣赏。你不必写很多别的内容。写好地址，贴上邮票，寄出去。

小贴士：

不要说或写"如果你需要什么就告诉我"。一个极度悲伤的人不知道自己需要什么。如果你真的想再做些什么，就去做吧。但你要想清楚：你对这个人来说是什么人？你的技能是什么？你在哪件事上能切实可靠地跟进？去做这件事，哪怕只是冬天帮他们清理走廊，或者邮寄礼品卡，或者让他们的孩子搭你的车。不管你能做什么，这都能自然成为你们关系的延伸，去做吧。不是每件事都必须与悲伤有关。你可以像对待任何一个人那样对待这个人，他本来就和别人没什么不同（诺拉的丈夫阿龙去世时，有人给她寄了一张水疗礼券，起初她不知道自己需要这样的东西，但一个月后，她用这张礼券做了按摩）。如果你出了钱，送了点东西，发了条短信，或送了个礼物，却没得到对方的感谢，你不要因此而不高兴。

专业提示：

- 如果别人当面或者打电话告诉你某人过世了，但是你已经知道了，不要说"我知道"。你可能认为这么说对他们有帮助，但实际上，这样一来他们就不会告诉你更多他们经历的事情了。相反，你可以说："我听说了，但我还没听你说过。"如果他们愿意，就让他们告诉你更多细节。
- 慰问是没有时效限制的。如果你已经好几个月或好几年没见过这个人，但你知道他的母亲去世了，你还是应该表示慰问。不表示慰问是很容易的，你可能不想因为提起这件事而让他难过一整天，但你会错过一次非常美妙的人际情感联系。
- 悲伤是长期的,所以要持续关注。拥有一份全职工作和福利待遇的普通美国人,在配偶、子女或父母去世后还要工作三五天。他们回来工作时,看起来很正常,所以他们应该还好吧?他们并不好。

第14章

以健康的状态结束一天

不用手机

"考虑到我们与科技的关系对我们的幸福生活有深远的影响，Thrive Global 提供了许多不用手机的微步骤——既微小又不会失败的改变，你可以立即将其运用到日常生活中。我最喜欢的是晚上在卧室外面给手机充电。"

——阿里安娜·赫芬顿

1. 除了在晚上睡觉前把电子设备送到卧室外面，以确保你晚上不用它们，在开启新的一天时不用它们也很棒。而且这很容易——当你醒来的时候，不要马上看手机，花一两分钟时间深呼吸或者为自己设定一天的目标。在一天开始和结束时这样做，会对你的一整天都产生影响。

2. 关闭所有手机通知，除了需要联系你的人的通知。我们的手机越是对着我们发出嗡嗡的声音，就越能让我们释放皮质醇。

3. 整理一下你手机的主屏幕以减少干扰。只需花几分钟确定你真正需要访问的应用程序；只保留那些有价值的工具——而不是那些专为吸引更多注意而设计的应用程序。

4. 在通勤或跑外勤的时候，把手机收起来，抬头看看周围。在旅途中不用手机，这有助于你接触周围的人、景象和风景，并且想清楚你要感恩的事情。

5. 每天抽点时间"科技暂停"，以提高你的专注力并减轻你的压力。远离社交媒体和电子邮件一段时间，这样你才能真正专注于你正在做的事情，或者真正与你自己和你爱的人建立联系。

6. 在日程表上安排一些对你来说很重要的事情——工作之外的事情。无论是去健身房、去美术馆，还是去看家人或朋友，设置提醒功能有助于你真的去做这件事。

7. 用餐时间也是一段不使用手机的很重要的时间。不妨尝试一个微步骤：如果你和朋友在外面吃饭，玩个"手机堆叠游戏"。把你们的手机放在桌子中间。先看手机的人付钱！但其实当你和别人——家人、朋友，甚至一起开会的同事——在一起的任何时候，你都不应该用手机。这样，你会有更高的参与度，并且能充分利用你的时间。

专家：

阿里安娜·赫芬顿是Thrive Global的创始人兼首席执行官，也是《赫芬顿邮报》的创始人，著有 15 本书，其中包括《茁壮成长》和《睡眠革命》。2016 年，她创办了 Thrive Global 公司，这是一家领先的行为变革科技公司，它的使命是让人们不再误以为过度劳累是取得成功必须付出的代价，从而改变我们的工作和生活方式。

讲解：

"没有规定你应该在多长时间内不用手机——重要的是你要腾出不用手机的时间，养精蓄锐之后投入到你的生活和日程中。通过不用手机让自己恢复精力，应该和我们给手机充电一样变成常规和习惯。不用手机是很重要的，因为与世界隔绝——或者至少与有屏幕的数码世界隔绝——是我们真正与他人尤其是自己建立联系的唯一途径。不用手机可以激发我们天生的创造力和智慧，能让我们在暴风雨中找到平静的核心力量，也是减轻压力和避免劳累过度的关键因素，而劳累过度已经成为一种全球流行病。"

——阿里安娜·赫芬顿

原谅别人，然后放手

"那些永远不被允许进入我们家的人，却会进入我们的头脑，而且会在我们的脑海里造成很大的破坏。我们不能再让他们进来了。"

——戴维吉

1. 确认是哪些不健康的思维模式占据了你的意识（你知道都有哪些）。
2. 承认你对这个人产生了有毒的想法和感情，但要克制发泄愤怒的冲动——报复也无济于事。
3. 意识到你的反应是一种选择，并且你选择让这个人进入你的思想，给你的日常生活蒙上一层乌云。
4. 要明白别人的刻薄言行源自他们自己的想法和现实，这与你无关，所以不要太往心里去。
5. 每次当他们的话占据了你的意识，并且这种情况仍然会发生，你可以微笑着或者大声说："哦，你好啊，又来啦？我想我会让你直接从后门出去的。"
6. 晚上睡觉前，大声说："我不再想啦。"
7. 早上醒来时，再重述一遍（你正在让自己从别人对你的影响中解脱出来，而这种影响是你接受的）。
8. 继续训练你的大脑，让它放下这些想法，并且知道原谅的另一面是自由——你要引导自己去想生活中积极的事物和人。

专家：

戴维吉是国际公认的压力管理专家、冥想教师，也是《减压：个人力量、成就持久和心境平和的现实指南》的作者。

讲解：

对别人怀恨在心就像喝了毒药，却期待着别人死去。如果你一天有 6 万~8 万个想法而其中 3 万个是关于这个人的，那么是时候不再去想了。原谅别人和那个人没有多大关系——它来自你的内心。当我们原谅别人时，我们和那个人给我们带来的痛苦之间就没有关系了。如果你紧紧抓住它不放，就会忽视生活中其他更重要的事情（比如你最在乎的那些人）。你可能会说："我不是主动让那些想法占据头脑的，它们就是不断地闯进来攻击我。"原谅是一项练习，是你必须主动选择去做的事情。一次又一次地练习，直到你真正原谅为止。可能会有某个特定的人或问题，确实需要你付出巨大努力——坚持下去。

小贴士：

原谅并继续前行并不意味着你宽恕了别人伤害你的行为，但它确实能让你从伤害中解脱出来。别人也许应该为伤害的产生负责，但只有我们才能让自己不再去想那些话或行为，所以我们必须放下那些想法，允许自己不再去想，让我们从别人对我们的影响中解脱出来。对别人说："我不认为你的意图是真的要伤害我，所以我不会再想了。你不小心伤害了我，或者我是这么认为的，所以我也需要放下。"戴维吉说，最关键的是，比起为了试图理解为什么会发生这样的事情而让自己抓狂，你内心的平静更重要。别再想了。

为睡个好觉做准备

1. 把你卧室里的闹钟设定为常规就寝时间前 1 小时。
2. 当闹钟响的时候,去卧室把它关掉。
3. 在接下来的 20 分钟里,处理好那些你不做好就睡不着的事情(开启洗碗机,锁门,回复群聊里关于饮料的话题)。
4. 现在花 20 分钟洗漱——刷牙、用牙线、洗脸,不管你日常怎么洗漱,现在就去做。尽量避免在很强的灯光下洗漱。
5. 利用最后 20 分钟放松一下,任何方式都可以:使用一款冥想应用程序,做祷告,读一本书,或者看看 Bravo 应用程序上的节目。
6. 把你的手机拿到卧室外面。有关不用手机的更多内容,参阅第 275~277 页。
7. 舒舒服服地躺在床上。
8. 做一次"4—7—8"深呼吸练习——吸气 4 秒,屏住呼吸 7 秒,慢慢呼气 8 秒。
9. 重复几次第 8 步。
10. 晚安。

专家:

迈克尔·布鲁斯博士,人称"睡眠博士",是一位著名的睡眠专家,著有《生理时钟决定一切》。

讲解：

在卧室里设置闹钟，使你不得不走进卧室关掉它，这能从视觉以及情感上催促你该准备睡觉了。（你知道你不应该用手机设置闹钟吗？）把每晚常规的入睡缓冲动作分为三个 20 分钟的部分，这样你和你的身体就会慢慢依赖这个可预测的模式。如果你在第一个 20 分钟里无法完成当天想做完的所有事情，可以把没做完的事写下来，不要让它们在你准备睡觉时搅乱你的头脑。列这样一个清单可以成为你每晚的常规任务，有助于你感觉更有条理。深吸一口气，然后屏住呼吸，能提高身体的含氧量，让身体稍微休息一下。长时间缓慢的呼气具有一种冥想的特质，本身就让人放松——它也和你熟睡时身体所采用的呼吸节奏相似，从而推动你的身心进入休息期。

小贴士：

凌晨 3 点就完全清醒了？发生这种情况的重要原因之一就是低血糖。如果你晚上 7 点吃晚饭，那么凌晨 3 点距离你最近的一顿饭就有 8 个小时，这意味着你的身体在这段时间里没有摄入食物。当你的大脑认为你已经耗尽能量了，血糖会下降，皮质醇会产生，从而让你醒来。这有助于你启动代谢程序，感到饥饿，然后起来吃东西。一个简单的解决方法是：睡觉前吃 1 茶匙蜂蜜——它很难代谢，所以有助于长时间维持血糖稳定（如果你不喜欢糖，可以考虑番石榴叶，有研究显示它有利于睡眠以及血糖的调节）。

回顾你的一天，看看哪些事做得好、哪些事没做好

1. 安静下来，做几次深呼吸。
2. 从醒来的那一刻开始回顾你的一天——记住你最感恩的事。
3. 回想你一天中最有活力的时候。你在什么时候对你参与的工作感到兴奋？你在什么时候体验到一种顺畅的感觉？
4. 回想并发现你最疲惫的时候。某件事（或某个人）让你沮丧吗？你在什么时候感觉懒散无力？
5. 问问自己："哪件事我原本可以做得更好？"（这么做的同时要好好地安慰自己。）"也许我本可以对我的孩子更宽容，我本可以对我的同事更积极，我本可以去健身房。"
6. 现在别再想那些事了。原谅自己，原谅别人。有关原谅别人的内容，参阅第 277~279 页。
7. 为自己定好明天的计划。为了明天过得更好，今天你可以吸取哪些教训？

专家：

帕蒂·莫里西是纽约亨廷顿一家治疗性整理和时尚生活公司 Clear&Cultivate 的创始人。帕蒂被哥伦比亚广播公司《今晨》节目称为"魔术师"，被《纽约时报》称为"整洁大师"。

讲解：

这个日常练习仿照依纳爵灵修，即每日反省。从你感恩的事情开始回顾，可以让你感到充实、丰富和安全。一开始就有这些感觉很重要，这样一来，你在回顾那些本可以做得更好的事情时就可以对自己宽容一些。这么做的意图是把一整天分解，把注意力集中在那些能丰富你的生活的事情上，消除或者调整那些让你感到最疲惫的事情。这种意识将帮助你创造一种逐步改进的空间：一次回顾一天会让你明白有时候最微小的改变也是最深刻的改变。如果你致力于个人成长（如果你正在读这本书，那么惊喜是你在致力于个人成长），每日回顾正是你检查自己成长进展的时候。所以，进展如何？

致　谢

首先，我最感谢的是克里斯廷·范·奥格特罗普。2018年底，你突然给我发了一封电子邮件："你想过再写一本书吗？"我立刻回复："是的！"那次交流开启了我人生中最有趣、最紧张、最有收获的两年。谢谢你，克里斯廷，你是一位非常出色的代理人，我很喜欢和你一起工作，迫不及待想再合作一次！

谢谢你，利娅·米勒，从我们第一次通电话开始，你对这本书的热情就十分明显了（而且具有感染力）。我很幸运有你支持这本书（和我），我喜欢和你交换信息，谈论我们发现了多少我们以前不知道的事情，我永远感谢你接受了我的话（和使用插入语的需求）。感谢可爱的西曼·马哈尼亚，你敏锐的眼光和完美的编辑在我最需要的时候指引着我；感谢你如此善良和耐心，感谢你与我合作，把这本书塑造成我真正引以为豪的东西。

感谢大中央出版社的全体成员，特别是乔丹·鲁宾斯坦、阿兰娜·斯宾德利、奥田玛丽、李贤、艾伯特·唐和黑利·韦弗。黑利·韦弗在关键时刻非常智慧、冷静地处理这本书。我很自豪成为大中央出版社的作者。

如果没有我采访过的所有了不起的专家，这本书是不可能写出来的，因为我不是一个专家。在过去的一年半里，我的工作就是和人们谈论他们最热衷的事情，并学习如何把那件事做得更好。我现在快要成为一个完全发挥作用的成人了，这要归功于你们所有人。谢谢你们分享你们的智慧，并且在我说"等等，你把洗衣液放在哪里了"这样的话时没有取笑我。

劳伦·鲍威尔是我的及时雨，你帮我记录采访、研究专家，教我如何使用谷歌工作表（立即回复我因为忘记如何使用谷歌工作表而发的疯狂短信和电子邮件）。还有艾莉森·孔蒂让这个出版计划看起来比我想象的更好。

感谢我的朋友们帮我照顾孩子，让我搭车，帮我带东西，给我发鼓励短信，听我喋喋不休地谈论我在写书时学到的所有绝妙的事情，然后在我沉寂很长时间后联系我，确认我还活着。要特别为我的女性朋友们欢呼，你们总是愿意阅读各个章节，不停地讨论书的封面，并举杯庆祝我写作过程中的每一个不起眼的里程碑。干杯，姑娘们！

感谢那些帮助我与书中一些了不起的专家建立联系的人：利兹·凯里、卡拉·门德尔松、林赛·韦德霍恩、劳伦·史密斯·布洛迪、叙译·雅洛夫·施瓦茨、克里斯廷·科克、克里斯滕·格林、克里斯塔·德梅奥、克里·波茨、珍妮弗·阿尔弗森、吉娜·德坎迪亚、雅明·门德尔松、玛格丽塔·伯特索斯、玛丽·朱利亚尼。

尤其感谢乔安娜·帕里德斯·西姆斯，你在这本书还没成型之前就为这本书提供了极大的支持，并且在我怀疑自己的时候给了我鼓励和信任。我很幸运有你支持着我。

感谢我的两个姐妹——梅利莎和梅根，你们一直是我的第一批读者（甚至读我准备发的"照片墙"帖子——抱歉，女孩们）和我最忠实的两个粉丝，你们给了我非常好的反馈。感谢你们容忍我，逗我的孩子们开心，在这段时间里没有私聊很多我的事情。你们没有，对吧？

感谢我的父母——约翰·扎米特和辛迪·扎米特，以及我的婆婆黛比·鲁迪，你们一直以来都在帮我照顾孩子们（以及洗衣服）并给我鼓励。

我的孩子们——亚历克斯、诺拉和莫莉，在我采访时保持安静，没有吵架，自己做饭，而且当我在家里这个临时办公室写这本书的时候从来没有错过公共汽车。开个玩笑！但我非常爱你们，能和你们分享这本书真的很激动。这是一本必读的书，你们看完后会有一个小测验。

最后，感谢我的丈夫尼克，你帮我做了很多事，因为事实证明我并不具备一边写作一边处理多个任务的生活技能。但我现在不仅可以摆出一块不错的奶酪板，而且可以折叠床笠了——就是这样。我爱你，我爱我们的生活（现在更爱了，因为我已经具备了一些可以露一手的重要技能了）。